作 者 简 介

孔庆东，五十五岁老电工，未名湖畔卖花生。拔刀切韭菜，面壁到五更。煎炒烹炸新论语，说学逗唱卖炭翁。撞南墙，沐西风，夜来灯下喜饕餮，烙饼卷大葱。

55

years old
a flowers-
blossomed sky

花满天

五十五岁

孔庆东 著

知识产权出版社

全国百佳图书出版单位

——北京——

图书在版编目（CIP）数据

五十五岁花满天 / 孔庆东著 . —北京：知识产权出版社，2020.5（2020.10 重印）
ISBN 978-7-5130-6780-5

Ⅰ . ①五… Ⅱ . ①孔… Ⅲ . ①国学—问题解答 Ⅳ . ① Z126-44

中国版本图书馆 CIP 数据核字 (2020) 第 028329 号

责任编辑：杨晓红　　责任校对：谷　洋
特约编辑：孙　彬　　责任印制：刘译文
封面设计：郭　蝈

五十五岁花满天

孔庆东　著

出版发行	知识产权出版社有限责任公司	网　　址	http：//www.ipph.cn
社　　址	北京市海淀区气象路 50 号院	邮　　编	100081
责编电话	010-82000860 转 8114	责编邮箱	1152436274@qq.com
发行电话	010-82000860 转 8101/8102	发行传真	010-82000893/82005070/82000270
印　　刷	三河市国英印务有限公司	经　　销	各大网上书店、新华书店及相关专业书店
开　　本	880mm×1230mm　1/32	印　　张	9.25
版　　次	2020 年 5 月第 1 版	印　　次	2020 年 10 月第 2 次印刷
字　　数	250 千字	定　　价	59.00 元

ISBN 978-7-5130-6780-5

代序
问还是不问

□ 孔庆东

　　本人才疏德浅，不学无术，故此采纳荀况县长"君子性非异也，善假于物也"之说，遇事每每要请教于人。幼问父母，长问老师，上班问同事，下课问学生，出门问老生青衣大花脸，回家问老婆孩子小花猫。特别是拙荆，学识渊博，大智若愚，孔和尚便经常向她请教"今天黄瓜多少钱一斤？""你们女人常说的夕照杯是什么意思？""周杰伦小时候是聋哑人吗？"等专业问题。每当此时，拙荆便要将愚昧的孔和尚斥责一番："还北大博士呢，啥子也不懂，啥子也不会，啥子也不知道！你那博士是怎么考上的？说，是不是抄的？"孔和尚便立马承认："是，抄的。""跟哪个抄的？""是跟俺前妻抄的。""哼，怪不得人家把你抛弃了，人家看不起你，是不是？""您判断得一点不错，贱内真是料事如神！""呸，哪有当面叫贱内的？你别糊弄我们学工科的，以为骂我我听不出来。""是的，应该说拙荆料事如神。""你说，北大是不是不如清华？""是的，北大不如清华，博士不如硕士，文科不如工科，男的不如女的，城里人不如乡下人，北方人不如南方人，行了吧？""嗯，这还差不多。以后不懂的就要不耻下问，别啥子也不晓得，到处给我丢人。"拙荆得了胜利，心旷神怡，便横披了围裙，到厨房做饭去了。

看，要想通过提问获得知识，就得付出一定的代价，世界上没有免费的热狗狗也。宋濂的《送东阳马生序》，是对我教育非常大的一篇古文："先达德隆望尊，门人弟子填其室，未尝稍降辞色。余立侍左右，援疑质理，俯身倾耳以请；或遇其叱咄，色愈恭，礼愈至，不敢出一言以复；俟其欣悦，则又请焉。故余虽愚，卒获有所闻。"说白了，知识和信息都是一种财富，提问就是向人讨要免费的财富，被问者没有义务一定要提供这个财富，即使提供了，也可以在质量上、精度上存在一百个层次的差别。除了菩萨和圣贤，没有人受了侮辱和蔑视，还会给你提供正确有效的答案，这就是"师道尊严"的奥秘。

师道尊严，最后受益的是学生，正如顾客至上，最后受益的是商家。而今到处鼓吹无原则的师生伪平等，甚至把教师看做花钱雇来的打工者，想问就问，想骂就骂，就差像"文革"中那样给老师戴高帽游街批斗了。行，当老师的不会说什么的，他们会顺应形势的，放下"灵魂工程师"的重担，当一个迎合学生、轻松赚钱的打工者，何乐不为？但最后倒霉的是谁呢？陈平原老师说："师道不能合一，这是个大趋势。"还有"人格上平等但专业知识悬殊的师生之间，如何保持良好的互动？"以陈平原老师的身份竭力说出这般"和缓"的话来，可以体会到他的"深忧隐痛"也。"悬殊"二字里，包含了几多小杂碎的挑衅？陈老师不愿意说出来就是了，他这样的高人，只会还报以微笑后面的彻底蔑视。

平等是个好东西，但却不是先天摆在那里免费享用的，而是要通过实力和奋斗来获取的。塞拉利昂要跟美国平等，孔乙己要跟孔仲尼平等，杨丽娟要跟刘德华平等，后者都没意见，都会非常大度，因为那不就是一句空话吗？"二战"胜利后，中国是"四大战胜国"之一，按理应该跟苏美英三家平等吧？但苏联割走了外蒙，美国占领了琉球，英国还霸着香港，蒋介石挣扎了两下，还是没辙。不是蒋介石不爱国，中国就这份实力，把东北和台湾拿回来了，就算胜利啦。

话扯远了，咱还说提问这事儿。就比如问路吧，最日常的行为，却包含着相当大的学问。首先，要选择问什么人。择人不对，连问几个都摇头，必然更加焦躁烦闷，可能卧轨的心都有了。择人对了，称呼不敬，或问得乱七八糟，也得不到正确的答案。在北京街头，我多次听到类似这样的问路："哎，先生，您知道那哪儿怎么走吗？就是北大体育系，有个李洪志教授，就等于说是个培训班吧，他让我们3点到他那儿，说就在圆明园边儿上，就是说可能就这附近吧，等于海淀这一带，您知道吗？"碰到这种问路的，首先得通过一系列反问弄清楚其具体目的地，三两分钟是解决不了问题的。倘遇见孔和尚这等坏人，又刚被拙荆训斥过的，没准儿就顺口答曰："哦，穿过北大，出北门，往南一直走就是了。"

那么孔和尚自己是如何提问的呢？我跟鲁迅一样，给别人出的主意往往跟自己所持的原则是不同的，后来又发现孔子给别人出的主意也各不相同，乃悟出这正是对生命个体的真情关爱也。我自己的原则没什么保密的，说出来也无妨，只是并不希望胡乱效仿而已。

第一原则是，尽量不问。凡是能够通过其他途径获得的知识和解决的问题，一概不问，绝不轻易占有他人的劳动。试向孔和尚的所有同学老师打听一下，孔某人可曾问过某字怎么念、某词是什么意思、某年发生了某事、某国的面积人口是多少、某道数理化题怎么做吗？没有。所有的字词和史地知识都可以通过查阅工具书来解决，所有的数理化习题都可以自己做出来——假如我做不出来，那一定是老师出错题了！特别是人年轻的时候，一定要有这个气概，毛主席说："这个军队具有一往无前的精神，它要压倒一切敌人，而决不被敌人所屈服。"（《论联合政府》）动不动就借兵救灾的国家，早晚必亡。

俺出门也是尽量不问路——哪怕是荒郊约会、旷野探险，也不过事先查好路线，身上带着地图，一路记好路标，利用各种地理知识和野外生存本领，务求胜利到达目标。不到山穷水尽，绝不问路。北京周边的卢沟桥、戒台寺、十三陵，当年俺就是骑自行车愣闯去的，韩国的大部分景点，也是这样跑遍的。这样做有时候会多吃苦、多麻烦，但坚持下来，你的个人本领就会日益提高，苦就转化成乐。养成"自力更生为主，利用外援为辅"的良好素质，人生的大多数沟坎，都可以独力跨越了。到了确实需要外援之际，你会发现，你越有本事，人家才越乐意帮助你，上帝就是个扶强不扶弱的混蛋，有啥子办法哩？

第二原则是，不耻下问。《论语·八佾》中记载："子入太庙，每事问。或曰：孰谓鄹人之子知礼乎？入太庙，每事问。子闻之，曰：是礼也。"《公冶长》中又载孔子的话说："敏而好学，不耻下问，是以谓之文也。"孔子遇到自己确实不懂的事情，就"不知羞耻"地去问，况且那时候也没什么工具书，只能亲自去"搜狐搜狗"也。他反对"不懂装懂"，到哪里都入境问俗，这种精神是值得学习的。但一定要跟"尽量不问"结合起来。用"尽量不问"的精神建造起一艘自己的航空母舰，然后再用"不耻下问"的精神去积累一些驱逐舰、扫雷艇、冲锋舟什么的，这样就构成了一支庞大而立体的知识舰队。

这里要特别注意一个"下"字，要注意向那些表面上似乎不如自己的人多请教。你看那些大企业是怎么发财的？他们的财富并不是从其他大企业那里弄来的，主要还是"不耻下弄"，主要还是从广大人民群众身上挣来的。高尔基的学问不是跟普希金学的，王朔的才华也不是从王蒙那儿批发的，他们都是从广大人民群众身上"搜刮"来的。说哈三中培养了我，北大培养了我，我都承认，但更加无法统计的，是我天天都在向各行各业的人士学习也。比如我读一本清朝的笔记，里面讲到当时海淀地区黄瓜的价格，我想跟今天对比一下，这是咱自己再有才华也想不出来的，咱不去请教人家清华工科硕士行吗？受点屈辱就屈辱呗，都是人民内部矛盾嘛。

第三原则是，问其所长。如果你总是向清华工科硕士请教黄瓜价格问题，天长日久，人家还能跟你过吗？你那不是用千里马拉煤球、用李洪志耍马猴、用爱因斯坦修炮楼吗？人不分高低贵贱，一定各有所长，只是我们要善于在较短时间内意识到人家的所长而已。一般来说，人的专业是其所长。虽然现代教育往往毁了某些专业应该具有的特长，比如中文系的不一定认字多、作文好，新闻系的可能最会撒谎，法律系的犯罪率最高，数学系的不会算账，心理系的三天两头跟人干仗……但是大体说来，他们对本专业还是熟悉的，给外行人讲讲基本知识还是基本可信的。故此，问其所长首先要看专业或者职业。

另外，每个人在专业职业之外可能还另有兴趣和特长，有时候甚至会超过专业人士。北大中文系有几位语言学家，是超级球迷，看完球赛后，用笔名撰写专业球评，水平比张路、张斌等人高多了。更有人身怀七八项专业之外的绝活，孔和尚甚至一度都怀疑他们是苏联美国特务也！所以看人又不能单纯看专业，"人不可貌相"的道理尽人皆知，孔老师再教你一句："人不可业相"啊。你看鲁迅没学过文学，毛泽东没学过军事，乔冠华没学过外交，从周恩来到温家宝，谁学过"总理专业"啊？而现在有多少年轻朋友在网上动不动就教训鲁迅"多读点文学"、教训毛泽东"多读点军事"啊。与人交往的要领之一，是迅速发现对方到底有哪些真兴趣真本事，这样才能问到人家最爱回答也回答得最好的题目上。为什么本人总是躲避某些媒体，一向不接记者电话呢？大多不是记者礼数欠缺或存心陷害，而是他们老问些跟我风男女不相及的问题。比如上海女巡警上街巡逻该不该穿超短裙啦、如何看待莫桑比克发现食人魔啦、世界杯的尺寸究竟有多大啦等，我连世界杯跟夕照杯都搞不清楚，回答这些问题不是彼此活受罪外加误人子弟吗？

第四原则是，问出水平。轻易不问，但一问就要问出高度、问出深度、问出难度、问出要害，最好还能问出情趣。首先要问经过深思熟虑确实解决不了的问题，这也能够引起对方的认真思考。北大老师出的考研试题，有时是没有标准答案的，可能是老师自己正在攻克的前沿课题。学术界的某些前沿课题，正是在高水平的提问中形成的。其次要问可能引起一系列相关子问题的"母问题"，这叫问得精炼，人家回答了之后，你就能够举一反三。清朝的问安礼俗之所以烦人，就是因为从父母兄弟一直问到隔壁三婶儿和二大爷，你一个加强排问过来，我再一个加强排问过去，活活把个大清国给问垮了。

本人读书二十多年，发言很多，提问很少，老师问我要远远多于我问老师。但我问老师一次，就力求问出个高深难也。比如哲学课上讲物质与意识的辩证关系时，我问过"他人的意识对我来说，是不是物质？"从哈三中到北大，哲学老师都当场不能作答也。地理课上讲宇宙发展史，我问过："我们现在会不会正处于外星人的实验室里，他们正观测我们的各种数据呢？"张大帅听了哈哈大笑，说："我跟你想的一样，而且现在黑板上有一个细菌也正在问另一个细菌同样的问题呢。"在化学课上我问过："假如一切反应都是可逆的，那么是否意味着时间可以压缩到一个无限小的质点上？"徐谦老师说："你这是胡说什么哪？我听不懂。"他很快撤了我的化学课代表职务，转给魏萍当了。

第五原则是，问出人性。我学生时代年轻气盛，虽然提问很少，但有时候是故意给老师"出难题"，潜意识里还有臭显摆自己的不健康思想。后来发现让对方难堪了，我自己也并不舒服，乃慢慢悟出是自己的提问还"缺乏人性"，光想着自己，不曾考虑对方。如果发现人家错了，直接用谦虚的语气提出疑问即可，何必杀气腾腾揪人辫子呢？再说怎么就能肯定准是人家错了呢？后来当了老师，经常提问学生，特别是学生面试和论文答辩时，因为学生根本不是老师对手，完全可以几个问题就让学生"趴下"。这时候"人民教师"和"人道主义"两个词就会出现在脑海里："我们是要为国家检验人才，还是要用自己的学问来收拾学生？"来报考北大和已经考入北大的，可以说都是人才，我们的提问应该是给学生搭建一个发挥其学识的平台，而不是一座高不可攀的险峰。对学生的考问是这样，那么，平时的请教之问，就更应该充满人性的关爱和体贴了。

在这个问题上，东亚的日本、韩国、朝鲜和我国台湾地区都比中国大陆要做得好，也可以说更谨慎地继承了儒家传统。韩国和朝鲜学生都不问超出老师授课范围的问题，日本学生则跟孔老师一样，很少提问，一问就让孔老师高兴半天。比如我讲鲁迅《狂人日记》中的"吃人"后，一个日本学生问："孔老师，您的意思是不是想说，南京大屠杀也是吃人，也是用好听的名义做成了吃人的结果？"孔老师当时高兴得把汉语都忘了，连说："哈依！哈依！扫屋待四奶！"日本朋友一般不会问你个人私事，却会悄悄把你照顾得无微不至，这不禁激励我们中国人，应该做得更好也。我们中国人的优点是乐观活泼、热情聪慧，但经常不注意把握个体之间的距离，所以圣人制作了一整套礼仪来约束咱们。后来这套礼仪上锈了，用死了，变成了吃人的程序，就被咱们推翻了，可是新的礼仪还没制作出来，所以咱们这一百来年过得有点乱。有时候互不关心，病人可以死在医院的台阶上；有时候又关心过分，居委会大妈直接到你家大讲计划生育。就拿提问来说，有的人特喜欢打听别人隐私，而对自己的事情却讳莫如深，只字不提，那你干吗那般关心别人呢？这样的人学术圈里很多，他们所打听到的他人的"隐私"，往往也是不准确的，因为你自己不诚恳，狡猾狡猾的，别人是不会引导你得知真相的。有的人提问时盛气凌人，或暗设陷阱，仿佛局子里审问犯人，中央电视台著名的"审问"节目《面对面》就有时候这样，令人感到起码的对人的尊重都没有。凤凰台的《鲁豫有约》稍微好点，但问题也经常设计得太直露，只考虑"曝光效果"，没照顾当事人的尊严。还有的人喜欢像柳妈追问祥林嫂那样，专问人家扎心窝子的话，刺激人家感情失控，仿佛是关心，其实是欣赏。这样的人在日常生活中就够讨厌的了，要是出现在中央电视台上，怎么能让孔和尚这样的"阶级敌人"不说"现在仍然是鲁迅时代"呢？

一个问字，可谈可论的太多了。暂且记住这五项吧：尽量不问，不耻下问，问其所长，问出水平，问出人性。这一套"五虎断魂枪"若能使好了，人必能够成为大写的人，国也能够成为大写的国了。

五 十 五 岁
花满天

目录

[031-060]

第二章
谁指导我们遇鬼杀鬼

[061-084]

第三章
回归健康的读书之味

[235-264]

第十章

陶渊明替俺回答你

第一章

善的一天，
开始了

[■?■] 善的一天，开始了

⊙ zeelon

孔老师，要让您来一次真正的自我批判，您会怎么批判自己？不开玩笑，真实的。

 孔庆东

自我批判，是中国文化固有的精神。早在两千多年前，儒家就提出了君子每日三省吾身，道家更是主张反视内心。由儒而法的荀子，则明确指出：君子博学而日参省乎己，则知明而行无过矣。

正因为中华文明具有清醒的自我批判意识，所以我们能够度过一次又一次大风大浪，与时俱进，巍巍独存。延续至现代，鲁迅先生说，他的确经常解剖别人，但是更严厉更无情的是时时解剖自己。毛主席最高级的功夫，也是解剖自己，并且把"批评与自我批评"提升为共产党的优良作风。

孔和尚身处这一伟大的传统之中，也是每日每时进行自我批判的。

比如此时，你要求我来一次不开玩笑的认真的自我批判，我就解剖自己，在内心对自己说道：我是不是应该答应你呢？如果简单地按照你说的去做，那实际上是一种表演，是对你对我对网友的不认真不尊重，而且会助长你的很不高尚的欲求，不利于你的精神成长。

你提出这个问题的时候，内心就是很不纯洁的，你有什么权利要求一个与你没有发生冲突的别人当众进行自我批判呢？我如果表面上满足了你，那就是在显示我"从善如流"，而实际上你并不"善"呀！于是我那就等于助纣为虐。

所以我采用解剖我此时此刻思路的方法，一边自我批判，一边满足你提问中的有价值的那部分。

孔老师从小就养成了**每做一事每发一言之前，一定验算的好习惯**。

比如这段话写完后，我至少会检查两遍。这就是最了不起的一种自我批判，世界上没有几个人会做到的。不知道你能不能体会。而有时候现场讲课或者交锋，来不及验算，就会出现口误和错别字，事后我会进行回忆，看看哪些是应该改正的，哪些是无关紧要的。如果发生了知识性错误，下次就必须纠正。

希望你从我的这番自我批判中领悟到自己的不妥，尊重别人，尊重自己，认认真真做人，莫要自取其辱。自省是不能给别人看的，只要给人看了，便已经掺假了。老子曰，天下皆知美之为美，斯恶已；皆知善之为善，斯不善已！咱们每一天醒来就要告诫自己：

善的一天，开始了。

[■?■] 什么是好日子？

⊙ 芦苇河 66

我上班提前到，下班最后一个走，工作之余也看文学作品（贾平凹，路遥），待人与诚。也有过创业养鸡养猪，没做出来，现在学做包子，出来八年了也没过上好日子，生活应该怎样继续努力？

孔庆东

你没有觉得，你现在过的，就是一种好日子吗？

第一，你工作上是个优秀的员工，诚实努力。

第二，你有文化追求，胸中有文学。

第三，你不甘于现状，有追求，敢探索。

这其实就是一种"好日子"，而且是多少人梦寐以求还不能达到的状态。

有些人，虽然家产亿万却跳楼了，虽然身居高位却自缢了。

当然，好日子还可以更好，但这不能以结果来简单地衡量。

你有没有读过孔老师对我们北大那位屠夫状元的评论？白天卖猪肉，晚上读小说，就是一种幸福，为什么非得卖电脑卖导弹才叫幸福呢？这位状元师弟出了名之后，反而不如他以前简单地卖猪肉的时候幸福。

我支持你继续奋斗，开拓更加令人精神愉悦的好日子。但是也要珍惜现在，就像孔老师珍惜当年在中学当老师的自由潇洒的日子，如今想回都回不去啦。

[❓] 你对人生为何迷茫?

⊙ NIUNIU48694

你好,孔老师,我现在非常迷茫,人际关系也是糟糕得一塌糊涂,看谁都觉得有问题。我知道这样是很不对的,却又控制不了自己。比如有的时候同事说了句不中听的话,我立刻就怒气冲冲,发誓再也不理对方。或者内心软弱,明知对方在伤害自己却不敢反抗,对领导(权威)有恐惧心理。我知道这样很不对,可往往控制不住,就像孔老师说的,**我的精神只是温室里的幼苗**。为了解决自己的毛病,我读了《大学》《中庸》《传习录》等书,越读越讨厌自己,现在每天做着去私的功夫,却收效甚微经常反复,遇到吃亏或累事情还是躲,遇到美女还是色心顿起,听到自己稍微懂点的事就上去大发议论显摆自己,看到便宜还是像屎壳郎看见了屎(对不起,孔老师,我这个比喻可能不太礼貌),等等等等,最为严重的是我内心无仁,像孔老师讲的对他人表面客气却内心深处极度冷漠和对生命毫不尊重。我现在开始读《毛泽东选集》,希望能从中找到解决自己毛病的办法。毕竟万事从修身开始,万盼孔老师能指点迷津。祝孔老师身体健康,平安如意。

孔庆东

你能够如此深刻而且无情地解剖自己、批判自己,这已经充分表现出你的优秀潜质,表现出你的三观很正,表现出你正行进在奋发向上的人生途中。

至于**知行不能合一**,或者不能完全合一,这是大部分人普遍存在的情况。很多人采取自欺欺人的办法，得过且过，那么他们就永远无法进步。而你勇于自我鞭挞，这就是千金难买的激励发动机。

你说的阅读《毛泽东选集》等书，固然是重要的和有益的，但是对你来说，更重要的是把思想化为行动。

首先，每个人都是有缺点的，我们不能只盯着别人的缺点看。即使对待汉奸卖国贼，我们也要尽量看看他有没有什么优点。以仁义之心与一切人相处，能宽容处尽量宽容。这样，当遇到真正的坏人坏事需要斗争时，就会格外有力。

其次，不要企图短时间内把自己修炼成圣贤。即使圣贤，也还是经常要自我修行，不可能有一劳永逸的事情。所以，对待自己的懦弱啊、好色啊等小毛病，也要采取宽容一点儿的态度，不要整天悔恨交加的。

你的心态往实际方面调整好了，再看世界，再看别人，再看自己，就都不一样啦。

[?] 雷海为是文化英雄！

⊙ 武芮央 666

孔老师，近日快递哥雷海为获得《中国诗词大会》第三季冠军一事，引发了网络热议。我和绝大多数网友一样，被其好学精神、专一精神、追求心灵丰盈的精神所感动，为他大大地点赞，而那些自以为是地说"读书无用"的人，眼中除了钱，似乎再无其他。钱能实现生活的富足，但买不到人生的幸福。钱自然是重要的，面对那些生活窘困而执着于文艺的青年，您曾饱含温暖地说，是不是先拿出些精力改善一下生活更好呢。挣钱无止境，物质的享受也没有尽头，在生活有了保障后，人还是应有精神上的追求。

多年以前，面对全社会对你步轩师弟劈头盖脸的质疑，甚至是质问，你迎声反问道：难道读北大就是为了做大官，就是为了赚大钱？难道白天临街卖肉，晚上读点唐诗宋词就不是幸福的人生？

雷海为虽然只是送外卖的，但他平静祥和的神态告诉我们，相对于许多人，他是快乐的，幸福的。雷海为的事迹像一声惊雷，提示我们人生应该像大海一样，有所为又无所为，有所为的是脚踏实地地过好生活，无所为的是怡然自得地追求精神享受。孔老师，我把您的话摆出来后，就是想听听您还能怎么说，虽然我知道您一定还能妙语连珠，说出花来。您的时间很宝贵，我这样没事找事地为了一己好奇心而打扰您，有点不厚道，只能希望您视此作答为劳累之余的一种放松。

 孔庆东

我如果说雷海为先生是个文化英雄，可能就会有人举出一些所谓文化大师来跟他 PK，说一个只不过能背诵千把首诗词的骑车送货的苦力，怎么配得上文化英雄呢？

正如我当年称赞郭德纲是英雄时，有人就举出岳飞、文天祥来，一定要逼迫郭德纲死在风波亭上，才肯追认他为英雄。

雷海为肯定不会写学术论文，也不会上百家讲坛讲唐诗宋词的魅力，他做的事情似乎很平凡，似乎大家想做都能做。

但正是大家都想做，也都觉得自己只要努力就能做到的事情，实际上却是亿万人都没有做。

雷锋做的事情不是很平凡吗？陈永贵、王进喜做的事情有什么了不起吗？但他们不是英雄吗？

我告诉你一个事实，雷海为能够背诵的诗词，比孔庆东多！也比大多数中文系教授多！

这并不是说那些教授不够格，教授不一定需要会背那么多的诗词，教授的工作是搞科研，研究那些诗词，也可以研究雷海为能够背这么多诗词的复杂原因。但放眼全世界，能够背千首以上诗词的人，毕竟寥若晨星。

要知道，能背一首诗词，可不仅仅是会背出那几十个字，而是包含着作者、时代、典故和诗词的内容格式所涉及的诸多知识。可以想见，雷海为并不丰腴的肚子里，装纳了多少文化信息！

所以说，这个成熟稳重的外卖哥，就是这个时代的一个文化英雄。特别需要强调的是，他是亿万劳动人民的文化英雄！

我去年招收了一名博士生，他是某届成语大会的全国总冠军。在学术上，我还可以指导他，但是说到成语，我就不敢跟他 PK 了。这正应了韩愈那句话：弟子不必不如师，师不必贤于弟子。

希望在这个劳动人民地位严重下降的时代，各行各业多涌现几个雷海为，为我们劳动人民的大海，轰响几声惊雷！

[❓] 旅游的意义

⊙郎 -1956

孔老师，古人说读万卷书行万里路，您以前推荐过五十种硬书，但是比起读书，多数人更喜欢去旅游。您能按现状推荐国内或者邻国五十处有丰富文化历史教育意义，或者不知名但有一定观赏度并且未过度开发，或者人们去了会感觉特别有收获的旅游场所吗？不排斥人们耳熟能详的地方。

孔庆东

首先，您的这个思路非常正确，**看来您是懂得旅游的意义的，这样的人也会懂得读书的意义。**

其次，莫说五十处，就是一百处，孔和尚也随口就能说出来。但是用文字罗列出来，就变得无聊，丧失您提问的价值了。

我随意说五个，供您举一反十吧：绥芬河，二连浩特，霍城，费县，合川。

[?] 人生的最高学问，就是识人

⊙ **蓝天白云 51001**

孔老师，怎样在网上识别好人与坏人？怎样通过对方的表述作出基本判断？**要炼就您那样的火眼金睛，除需扎实的语文功底外，还要注意哪些方面？**

孔庆东

在网上识别各种人，好比围棋，是有段位的。

假设孔和尚很不谦虚，自己定为专业九段，那么下面还有一到八段和一段之下的一级到十级。

网上识人，主要通过语言。而**语言是心灵和思想的表现。**

所以除了语文水平之外，还要学习心理学、社会学、侦探学、管理学等。学习之外，更重要的，是在与人打交道的时候，随时随地判断对方的各种信息。

总之，光有阶级斗争的意识是不够的，更要有理论、有实践，才能风吹不昏，沙打不迷呀。

[❓] 行善，不是交易

⊙ 吃瓜群众不好惹

孔老师，您相信因果报应好人有好报吗？为何好人成佛需要九九八十一难，而坏人成佛只需要放下屠刀？为何杀人放火金腰带，修桥补路瞎双眼？为何好人不长命，祸害活千年？现实中好人总是吃亏，还被别人骂傻。很多人坑蒙拐骗弄到钱，还有人夸看人家多精明能干是成功人士。在一个笑贫不笑娼的社会里，我们该不该为守住做人的底线而穷一辈子呢？（我认为一个老老实实的本分的人是不可能登上富豪榜的）还请孔老师解疑答惑，谢谢！

孔庆东

好，您提的是一个广大善男信女经常疑惑的问题。

我们首先要明确下面这一点，做好人，是不是为了换取自己的物质生活过得好？

如果你学雷锋做好事，目的是长寿或者发财，那你不就是一个精明的商人吗？你还敢说自己是个好人？

另外，坏人不见得都活得很好。大多数坏人还是活得不好的。

只不过某些坏人活到了九十多岁，还家财万贯，令人愤慨而已。但是这些坏人的生活，那叫幸福吗？

做好事，首先就在精神上获得了回报。做坏事，当场就是地狱。并不是说事后换取了什么。那种一方面要学习董存瑞舍身炸碉堡，一方面又希望董存瑞长命百岁的思想，本身不就是自我矛盾吗？

行善，本身就是天堂。而不是行善之后，换取了一张天堂的优惠卡也。

[?] 要会一心多用

⊙ 蓝天白云 51001

孔老师，记得您曾经说过，您最吝啬的是时间。在百忙之中您忙而不乱，且每天完成那么多的工作，比普通人的效率高很多倍，您是怎么做到的？有什么秘诀吗？如何让我们的孩子们从小养成节约时间的好习惯呢？

孔庆东

第一，要立志，要下定决心这辈子跟一般人不同，要比他们干得更多更好更漂亮。咱活 50 年的质量，要胜过一般人 500 年。

第二，要科学安排，分清主次。同时做的事情中，一件是主要的，其他是次要的。比如看书时可以听音乐，但不要听新曲，那会分散注意力，要听旧曲。

第三，要惜时如金，有意练习。从早到晚每分钟，都要想好如何利用。开始会觉得麻烦和累，所以需要练习。习惯了就可以一心多用，游刃有余。最简单的比如看书半个小时，起来做一组俯卧撑，唱两句歌，洗个内衣，同时背首古诗什么的。这是很自然就可以做到的。

第四，多项任务，互相促进。在一段时期内给自己安排多项任务，它们之间还可以起到互相促进的作用。用农业比喻，就是以粮为纲，多种经营。粮食不一定年年大丰收，但蔬菜水果茶叶都丰收了，也很好嘛。

[?] 母亲就是至善

⊙ 央视一套禁播广告

《大学》中说："知止而后有定，定而后能静，静而后能安，安而后能虑，虑而后能得。"我之前确实是怀着"投机"的心态为弄点围观费提问的。要是我问完"十大潜力城市"问题，及时反思收手就完美收官了。可是我为什么做不到"知止"呢？**在炒股、抄底、收购以及更大的"投机"过程中，如何才能把握好自己及时止损呢？我是否要经历更多血的教训，才能学会"知止"**？那些被双规的官员多数人也都是背过《大学》的，可现实生活中却为什么做不到知止呢？请孔老师结合《大学》，讲讲如何才能及时"知止"，如何"止于至善"以避免损失吧。

孔庆东

第一，大多数官员并没有背诵过《大学》。

第二，你认识到自己的投机行为，这很好，不枉我对你的谆谆批评。

第三，你对止损的认识还是肤浅的，还是仅仅从如何多获利少吃亏的角度来思考问题的。

第四，人生就不该有"赚钱"的思想，钱应该是凭劳力智力去"挣"来的，就像孔老师这样。而不是算计着围观人数多少去"赚"来的。

第五，人生要甘愿受损。比如孔老师回答一个问题，价值几百万，但是俺主动把那个万给舍去，只收几百，还要遭受一些无耻小人的污蔑嫉恨。这样辛辛苦苦挣的几百，才是真正的劳动所得，是儒家的所得，是无产阶级的所得。

第六，你再看看自己的头像，看看自己的简介，不用背诵《大学》，也能够明白自己应当拥有什么样的人生观矣。

第七，今天是母亲节，让我们都像母亲对孩子一样，不计损益，达成至善。

[■?■] 北大的工人

⊙ 外强中干的我

想向孔老师问个比较敏感的问题。**青年要立志做大事，不要立志做大官。这个最高指示该怎样理解？是不是说大官由某些特定的人垄断，你们老百姓就不要有非分之想了？再者，在现实中要想做成大事就必须有大权吧？焦裕禄、孔繁森再怎么好，造福的也只是一县人民而已，有人动下嘴皮子就能给亿万农民免税，给全国的老师加工资。搞免费师范生试点这些没有大权能做到吗？由此引申，有人说中国人说的想的做的都一样，同一句话不同场合跟不同人说就有不同的意义。我们该如何与人沟通，如何正确理解别人说的话？**

孔庆东

这其实是个语文问题，当然也是逻辑问题。

做大事跟做大官，首先是两个人生目标。而你的提问，偷换了概念，你问的是通过做大官的途径，达到做大事的目的，这当然是合理的。你其实等于赞同了原文。而原文并没有说为了做大事，就不能做大官啊。

因此孔子早就说过，学而优则仕。后人庸俗地理解为学习好了去做大官，就是骑在人民头上作威作福。然后再来批判孔子的反动思想——可怜的孔子哭晕在未名湖畔。

其实孔子的意思就是学习那么好，不要浪费了，应该去当焦裕禄、当司马光、当普京，用你的学问做大事，为人民服务。

当然，做大事不一定非要当大官。雷锋、王进喜、祖冲之、蒲松龄、居里夫人、马克思，还有孔和尚等北大老工人，也都是可以学习的嘛。

[?] 身份证有两面

⊙ 翠衣黄衫客

孔老师，您好！一个敏感的心软的真诚的多情的人，他的一生一定会遭遇到很多委屈、辜负、误解和伤害。如何才能从自怜中走出来，像您一样光风霁月、胸怀宽广、乐观豪迈？

第一，你在逻辑上不该使用全称判断，你说的那种人，不一定就有那种命运，也可能一生顺利过得很幸福。而一个迟钝的心硬的虚伪的寡情的人，也可能遭受许多委屈、辜负、误解和伤害也。

第二，只要不使用全称判断，你说的那种情况还是大面积存在的。简单化一点说，就是好人吃亏。

第三，接下来就需要自问，我们选择当一个好人，难道就是为了不吃亏，就是为了占便宜吗？那我们还是真正的好人吗？

当我们从人生的派出所领取了"好人"的身份证那一刻，就要知道身份证有正反两面。正面写着："努力做好人"，背面写着："可能老吃亏"。谁让你只看正面的？

再做一个比喻，假如你要入党入团，为什么？是为了让别人理解你赞美你给你送肘子送馒头？

我想不用多说，你应该明白了。如果一个好人因为吃亏而自怜，他的好人的成色就打折啦。咱们选择当好人，就等于向命运宣布：来剥削我、使唤我、麻烦我、误解我、辜负我、伤害我吧。我迎接你们！

[?] 自卑有时候是假问题

⊙ 蓝天白云 51001

孔老师好！突然发现今天降价了，赶紧再提个问题。我想问问老师关于自信与自卑的问题。**怎样才能提高自己的自信心，**

逐渐克服自卑？您从小就是自信满满的吗？有没有自卑的时候？
您又是如何做到不卑不亢的呢？

孔庆东

我将近三十年前，写过一篇《试论沈从文的自卑情结》，
当时在学界产生过一点影响。那是我研究了一些心理学之后的
思考，后来写的一些关于老舍和鲁迅的研究文章，也多多少少
有些心理学的影子。

其实人本来用不着去思考自信还是自卑的问题，就那么自自
然然生长着，挺好的。但是既然得知了这些词汇，世界就变了，
于是就得考虑。

在我看来，人首先需要实事求是地认知自己，行就是行，不
行就是不行。比如我从小德智体美劳全面发展，所以我就不仅
自信满满，而且傲气十足，老子就是强，凭什么不让俺骄傲呢！
老师总是批评我骄傲，我也坚决不改，谁不服来比比好啦！

但是我也有自卑的方面，打架不如人，短跑不如人，美术
不如人，做饭不如人……那也实事求是地承认就是啦。

承认，坦荡，不藏着掖着，该亮剑就亮剑，该谦虚就谦虚，
这就叫不卑不亢吧。

[■?■] 啥叫会说话呀？

⊙ 马胡氏 001

孔老师，我的问题是怎样才能会说话。我天生语笨，很晚
才学会说话。年龄越大越不想说话，经常是能不说就不说。儿

子随我，快两岁了还只会喊爸，想表达问题，只能用肢体配合哇啦哇啦的喊声。小孙女还是这样。从几个月就会看着别人的口型学，现在一岁多了，她还是能把刚刚教会喊的奶奶，马上又用"爸"和"啊"代替，两个字就是"爸马"。看她的行为认知似乎超出了同龄人，也不像太傻。我们有意识地培养她多与外界接触，那就更寡言。直愣愣地盯着人家看，瞄见个不顺眼的就哇哇大哭，最不能看见的就是姨父姑父。不想小孙女如我。因我们不太会说话而自卑，或多或少地存在社交障碍。改变从我做起，麻烦孔老师支招。

孔庆东

马胡氏同志啊，啥叫会说话呀？

滔滔不绝，出口成章，那叫会说话吧？可是那样的人，你看几个有好下场的？

相声演员会说话吧？可是据我了解，马三立、侯宝林等相声大师，平时很少说话。

说话晚就是有毛病吗？我看您和您一家都活得充实愉快啊。

再举个例子，有个姓舒的孩子，四岁才开始说话，邻居怀疑他是哑巴，结果后来成了一代文豪，笔名叫老舍。

还有个更大的文豪，满口绍兴话，谁也听不懂，来听他演讲的学生，目的都是看他长得帅不帅。

至于我们家老祖宗，应该是说话这门学问的至圣先师吧？可是他老人家有时候就张口结舌，有时候唯唯诺诺，有时候好像乡巴佬，有时候好像失语症。但是他告诉我们关于说话的最重要的原则，就是"君子欲讷于言而敏于行"！意思是，说话要木讷，要像马胡氏同志那样，但是干事要利索，也像马胡氏同志那样!

孔夫子这话被毛泽东同志牢牢记在了心里，所以给两个女儿取名，一个叫李敏，一个叫李讷。

孔子还有一句话："夫人不言，言必有中。"意思是平时不要乱说，一旦说了，就要说到点子上，一枪击中目标。你看网上那些喷子，日喷万言，一天到晚哇啦哇啦，他们说的，大部分都是废话蠢话，有什么可羡慕的呢？

能说话，多说话，抢着说话，是非常简单的事情。然而，少说话，不说话，让着别人说话，却是需要强有力的个人修养的。

孔子最蔑视巧言令色的人，咱们既然不是哑巴，说话上迟钝一点，不但不是缺点，而且恰恰可以避免引发很多人生的错误，是个花钱都买不到的优点啊。

[?] 幽默是不是小黑犬？

⊙ 蓝天白云 51001

孔老师，虽然您写过《我不幽默》一文，但您的学生都一致认为您具有更高层次的幽默。幽默是与生俱来的吗？它与家庭环境及地域文化有关系吗？像我等这般严肃死板的人，怎样才能稍稍学到一点幽默呢？（前面的提问赚钱了，因而可以再问。就是辛苦孔老师了，谢谢！）

孔庆东

幽默这个东西吧，肯定不是与生俱来的，但也不是轻易能够习得的。假如是可以很容易习得的，那谁不乐意拥有这种品质呢？那还不遍地幽、满街默，幺幺黑犬乖乖坐了吗？

幽默从根本上讲，是一种面对生活从容不迫的气度，是不在乎输赢胜败的绝望中战斗的精神，是知其不可为而为之的自信潇洒，是不把自己看得太重要的如水上善。虽然幽默也是分档次的，但是最低级的幽默也是一种高境界。再低下去，就是滑稽和贫嘴了。

因此，幽默不可直接去学其表面的形式，而要学其胸襟气度，学其境界品格。所以我们会发现，高层次的大师，多少都是有点幽默的。

不过，幽默也不是人生必需的。咱就不幽默，咱就死板僵硬，咱就一丝不苟，咱就甘做一条幺幺的黑犬，也一样可以从另外的途径攀上人生的高台。就好比咱赚钱了要向孔老师提问，不赚钱也要向孔老师提问，因为提问本身，就是最大的赚钱也。

[■?] 怎样克服皮肉之痛？

⊙ 真金岂怕火炼

再次打扰孔老师，问一个革命者普遍都要提前做好充分心理准备的问题。很多革命者并不怕牺牲，因为革命总会有牺牲，但当面对敌人严刑拷打时如何做到能像江姐与赵一曼等革命烈士一样经得住各种非人的折磨，**如何能在皮肉之苦的摧残中使自己永不变质？**武侠小说中一些杀手提前服毒药以防止被抓的方式算不算是一种解脱方式？作为革命青年面对此类问题应提前做哪些准备？谢谢！

孔庆东

好的，这个问题是我多次跟一些朋友谈论过的，也是我从小就思考过的。

皮肉之苦，是谁都不愿意承受的，这是基本的人性。认识到这一点，我们才能钦佩那些英雄。

那么他们承受了，就说明他们拥有某些更高的价值，值得用身体的痛苦去保护。

多数人没有高尚的精神价值需要捍卫，所以就觉得何必忍受酷刑呢？

贪官污吏被抓进去，不用上刑，很快就招认了同伙，就是这个道理。

所以你如果想当一个英雄，这不是一句空话，你首先要有高尚的精神价值。为了捍卫这个，你就能够忍受酷刑了。

当然如果能够躲避酷刑，同时又保持节操，也是很好的。不过敌人是不容易欺骗的，没有超人的智慧，还是当一个豪迈的烈士更好。

[?] 机与鸡的关系

⊙ 小树儿 flying

老师，感觉自己被手机绑架了，该如何自救呢？

孔庆东

小树同学啊，听没听过这首歌："山中只见藤缠树，世上哪有树缠藤?"

你一个大活人,怎么会被手机绑架了呢? ——明明是你绑架了手机嘛!

首先,自己没志气,没出息,才不自觉地使用这种被动句式,推卸自身的主体责任啊。

所以,关键在于自己要立志,万事责怪自己,绝不委过于外物。

其次,制订自我约束规则,规定每天若干时段,绝不看手机。再发个毒誓:如果玩手机,明天变成鸡!

再次,也可以奖励一下自己。如果严格做到了遵守规定,甚至超量完成了规定,那么就可以:一天没玩手机,晚上吃个炸鸡!

[■?■] 不要误解孔子

⊙ 鲁超 ---- 为学日益

孔老师,您好!孔子讲"不在其位不谋其政",而我作为一名普通百姓却时常"位卑未敢忘忧国",对国家、社会的一些问题发出自己的呐喊,但往往真是收效甚微,白白浪费一腔热情。这让我很矛盾。您觉得我的做法"划算"吗?如果不"划算",那有没有比较务实的方法来释放自己的热情?希望得到您的解答。

孔庆东

孔子讲的不在其位不谋其政,世人多有误解,以为孔子反对关心政治。其实孔子不关心国君的政务吗？孔子的学生，哪个不关心政治？孔子自己，就是位卑未敢忘忧国的典范，所以陆游才写下这样一句诗。

孔子的意思其实是说，可以关心政治，但是不要越俎代庖。处长应该关心局长的事情，但是不要代替局长去直接办事，也不要以为局长没有想过你所想的事啊。

[?] 他强任他强，撒尿在山岗

⊙ 天山童姥

孔老师，生活中怎么提高战斗力？我的室友、同学污蔑毛主席、朝鲜，我从心里看不起他们。他们污蔑毛主席时就引用高华的话，评论时事就说他今天看了《南方周末》，好像自己发现了真相一样。但是我却没有勇气和他们辩论，一方面辩论的时候我就脸红、紧张，显得我理亏一样；另一方面就是我没有足够的说服力，书看得少。还有我的室友，相处两年了，是好人，他也骂汉奸，只是经常关注汉奸媒体，被洗脑了。在网络上，我就不客气了，但到了生活中就怂了。

孔庆东

你不必自责，多数正义民众都是像你这样，面对荒谬言论，因为气愤或者不屑等原因，找不到合适的反驳办法。我可以简单提示你以下几点。

第一，自己要立场坚定，不因对方气势汹汹或者人多势众而气馁。他们势力越大，说明你层次越高。

第二，不要幻想可以改变对方，你只是坚持真理。对方改变了，是他的福分；改不了，活该他是畜生。你只是为了真理而发言，所以不会动真气，从战略上立于不败之地。

第三，要理性考虑对方的话，看看究竟错在什么地方。事实错了，你就拿出事实；逻辑错了，你就拿出逻辑。一时分析不清楚，说明你需要补课。对方的荒谬言论，正好刺激你去补课嘛，客观上还要感谢对方嘛。补了课，战斗力就自然提高喽。

正确和错误，是对立统一的。世界上不可能出现没有错误的那一天，不可能没有愚昧的人。

子曰：惟上智与下愚不移。咱们不要幻想着那个移，咱们去做那个上智，不要做那个下愚，就是大幸福也。

[■?] 怎样提升你的战斗力？

⊙ 诸葛湛云

孔老师您好！在独自当面与多人争执时，我是据理力争，但对方以家人生命财产恐吓威胁拍桌子打板凳，让我气乱，几乎说不出话来。对方又仗着人多身强力壮七嘴八舌的，让我几乎插不上话，被对方扰乱了正常思维后更没法冷静地思考。事后我能分析出对方的破绽和纸老虎本质，也在反复思考中想到了针尖对麦芒当时就该有力回击的话，更联想到诸葛亮和周总理舌战群儒的故事。为什么一般人会有这种面对面慢半拍甚至好几拍的情况呢？该如何有针对性地培养这方面的定力和素质呢？谢谢！

孔庆东

你问的是一个战斗策略的问题。

战斗中失利，或者不能获取优势，往往是因为平时没有认真研究战斗技术，没有演习。平时不流汗，战时必流血。

比如你描述的情况，属于"敌强我弱"。那么你就要衡量一下，自己到底有多强，能够发挥到什么程度。诸葛亮舌战群儒，并不是同时舌战七八个人，他老人家还是一个一个撂倒的。而每撂倒一个人的时候，还是抓住这个人的薄弱环节，一剑封喉。

关于战斗节奏问题，如果你能够比敌人更快，那么你就使出独孤九剑，以快制快。如果你不能比敌人更快，那么你就应该以慢打快，或者以静制动。你打你的，我打我的。你打我时，我巍然耸立，我打你时，刀刀见血。

而这些，都需要平时练习。

怎么练习？好的方法，一是虚拟、设想，二是上网找一些杂碎练练手，三是多看孔老师微博。

相信你的段位一定会晋升的！

[■?■] 行侠仗义人尊敬！

⊙ 无侠社

孔大爷，本人实名举报广州特大赌（诈骗）博城（具体情况可看"无侠社"微博）半月无果反倒被追杀，现在警方突然联系我去签字，会不会被"警匪一家亲"陷害有去无回？

孔庆东

呵呵，第一次看到提问眼前安全事宜的。此问已经多日，所以我特意跑去看了一下你的微博，见你好好的尚在，于是才回来答复你。

你所提的问题，不是完全没有可能发生的。如果你提问之后就消失了，我就不来答复你啦，肯定要想法先找到你的踪迹再说。特别是我看你所附照片，相貌堂堂，充满正气，属于爱憎分明，但又容易受到伤害的。

不过呢，还是安全无事的可能性更大。因为第一你是实名，心地光明，完全出于正义感。即使你告错了，也是简单之错。第二你告的是赌博诈骗，与政治无关，与鲸吞国家财产无关。第三你自己也没有政治背景，如果害了你，反而弄成了政治事件。所以，"警匪一家"对你进行诱捕的可能性很小。

但是我们又要看到，一些地方的司法执法部门，是存在与黑道勾结的现象的，甚至可能还有政治立场问题。你破坏了人家的财路，人家恨你，也是必然的。所以大丈夫既然做了，就不要害怕。只要你有证据，你就是正义的。你告得越公开，就越没有危险。倘若证据不足，或者是你判断错误，那最后道歉认错就是了。

既然选择了为正义说话，那就做好以下几点：

第一，做好心理准备，不怕杀头，不怕坐牢，不怕离婚，不怕挨揍。

第二，也不能傻乎乎地做无谓的牺牲，要讲究斗争智慧和战略战术。

第三，还要经常自省，防止极左极右偏差，减少误判和非理

第一章
善的一天，开始了

性举措。

磨练若干个回合，就差不多是一个成熟的正义勇士了！

祝你安全快乐，继续行侠仗义！

[❓] 孔和尚怎么评价花和尚？

⊙ 看白云散步

孔老师，您好！记得您以前提到过，以后想写一本关于鲁智深大和尚的书。俺实在等不及了，请孔老师点评一下这位鲁提辖、花和尚、大佛爷。谢谢！

孔庆东

好，洒家便成全于你！

鲁智深本来叫鲁达。他喝酒，他吃肉，他骂人，他打架，他破坏树木，他捣乱婚礼，他还杀人放火。**按照俗人的看法，他怎么能当和尚呢？** 当了也是不合格的坏和尚啊。按照南方系汉奸的逻辑，鲁智深是反人类的、反民主自由的恐怖分子啊！

但是，世上的英雄豪杰，几百年来的人民大众，包括那些觉得他不适合当和尚的乡亲们，却都喜欢他，敬佩他。一代文学大师金圣叹赞誉他为"上上之人"，是人间活佛，是整个《水浒传》中一个完美无缺的人。

鲁智深这个形象，告诉我们什么才是真和尚。告诉我们那些不喝酒不吃肉不骂人不打架的，往往才是坏和尚。

和尚是干什么的？和尚是光明磊落的，和尚是快意恩仇的，和尚是救苦救难的，和尚是砍头只当风吹帽、看天下劳苦人民都解放的！

可惜鲁智深没有遇到毛主席，时代的局限，使他只能成为
一个个人主义英雄。

但鲁智深的境界在今天来说，已经是高不可攀了。他一方面
已经悟透了人生的黑暗和荒谬，另一方面却还要奋发救世，仗义
勇为。禅杖打开危险路，戒刀杀尽不平人。

今天的中华民族，是不是很需要这样的革命英豪呢？

[■?■] 如何看破生死？

⊙ 亏心啊

不久前看您微博里提到"还有一万多天"的话，心里刺痛，
鼻子也酸。我与您一样，没有意外也还有一万多天，两三年以来，
一直就纠结这个，很多很多的不舍与不甘，尤其是看着孩子香
甜地吃我做的饭的时候。在亲友面前，我一直是没心没肺乐观
的人，可是我知道我自己已然承受不了。先生，人到五十，如何
破生死关呢？

孔庆东

人和宇宙万物一样，都是分子组成的。人家组成了石头草木，
组成了鸡鸭鹅狗，而你组成了人，这本身已经就是最大的幸福。

何况你已经活了五十多岁，还结婚生子，还吃过肉读过
书，你还能花钱向孔教授提问，你还有啥可烧包的？你还想
上天哪？

此后任何形式任何内容的一天，都是我们的赚上加赚，有啥

可悲酸的呢？我只有无限的喜悦、嘚瑟，再喜悦、再嘚瑟，直到上天！

[**?**] 地球毁灭了怎么办？

⊙ 张光明 4715

孔老师，问个似乎有点不着边际的问题：小时候我看科普书籍，当知道太阳最后会吞噬地球的时候，会想到人类会那么完了，有点害怕，但又想自己活不到那时候，所以没有太难过。长大后逐渐了解了一丁点历史和现实，会想到人类未来可能真会像电影《云图》里那样被大财团主宰几乎一切活动，然后在核战争之后毁灭。问题是现实的脚步可能不会等到他们有能力逃出地球。人类的膨胀和灭亡注定是天道循行吗？人类更有智慧所以也就比恐龙灭亡更快？

孔庆东

天行有常，不为人存，不为鬼亡。人的伟大，在于认识到这些规律，而不在于赖在宇宙里苟活亿万年。其实苟活那么久也没啥意思，反而可能是痛苦。

我们的大多数幸福的感觉，恰恰是奠基于我们只有百十来年的寿命这个基础上的。假如让咱们活五百年，咱们肯定乐意，但是假如让你完全以现在的状态活上五百万年，你仔细想想，那将是何其漫长的深不见底的痛苦啊。

人应该快乐地生活，潇洒地离去。曾经有过，便是永恒。

因为宇宙一定有高级的方式，将你一生的所有细节都全息录制了。而所谓的死亡，也不过是物质转化的一种方式。这个肉体，肯定只是咱们灵魂的暂时居所，使用权只有百十来年。使用期内，好好维护。使用完了，零落成泥碾作尘，化作春泥更护花呗。

咱们老呆在这个地球上，也没啥意思，你不想去看看银河系外边的世界吗？再换个角度，你之所以能够今生来到这个世界跟孔老师对话，不就是因为你的上一次任务结束了，你从上一套学区房里，解放出来了吗？

第二章

谁指导我们

遇鬼杀鬼

[■?■] 辩证法对你有什么用？

⊙ 洞秋

孔老师，记得您说过"学好辩证法，生活肯定在同一层次的人群中属于幸福的，这就是强者。"我也读了一些相关的书，但是还不大明白。您能具体谈谈怎么学好辩证法吗？以及怎样在生活中运用？

孔庆东

辩证法似乎是个常用词，但本来是个很高深的哲学词汇。高级的学术概念，一旦被用滥，反而受人歧视，价值被忽略。西方人讲的辩证法，偏重于辩论技巧，所以西方人喜欢花言巧语，指鹿为马，法庭和议会都是大耍口舌的地方。

而中国文化意义上的辩证法，辩是思辩，证是实证，讲究思辩与实证的统一。简单来说，是不断进行理论与实践的循环，阴

五十五岁*花满天*

阳转化，生生不已。

所以中国文化永远能够符合宇宙规律，既能够居安思危，又能够转危为安。

作为个体，永远虚怀若谷，永远敬天畏人，珍惜现在，喜迎未来，不认定自己掌握了真理，不畏权势暴力，不慕金钱美色。这样，就打通了儒释道和马列毛，办事成功率就一定高，当然就在同层次的人中，成为强者和幸福者啦。

[?] 年轻人需要看易经吗？

⊙ 白铁 1 锅

孔老师，我是一名学习《易经》的小小小小……学生，《易经》的用处是什么？其最重要的功能是占卜吗？乾卦里面怎么区分初九到上九？是占卜看九数么？如果是的话，那我第一次和第四次占卜到九，那是看九二还是初九和九四结合看？

孔庆东

哈哈，我跟你一样，在易经面前，也是小学生。易经在我的理解中，是中国祖先总结的宇宙规律总纲，本身看着没什么用，其实无所不用。

中国文化的儒释道等几大板块，都源于易经的思想。**易经确实可以用来占卜，但这是一个误区极大的问题**。世间万物都可以用来占卜，硬币、筷子、石头、脚趾头，都可以用啊，为什么非要用易经呢？也许是易经更准吧。

反正如果把易经只看成是算卦书，那就好比说天安门的大门可以用来砸核桃吃一样，谁也不能说你错。于是现在遍地都是砸核桃的人了，其中也包括你我这两个俗人。

根据我粗浅的砸核桃知识，九不能理解为数字，而是表示阴阳的阳。乾卦为阳，占得的六个爻，从下到上，分别为初九到上九。这个说起来很啰嗦，需要上千字，你稍微一查书，就能弄明白。解卦都是要结合着看，而不是你想象的那种根据某个数，就去翻标准答案。

我看你这水平，跟我差不多，还是暂时不碰易经的好。孔子说五十岁学易，你着什么急啊？

[?] 孔和尚的配图秘籍

⊙ 许海龙 QIN

孔老师，您经常在微博上发照片，在博客里也会有插图，配合文字，好像有种独特的搭配思维在里头。无论是这些照片，还是这种图文搭配，都让人觉得很熨帖，似乎存在着另外一个信息场，可又说不清为什么。所以我想问两个问题：一是怎样才能像您这样，不用高级的照相设备，不用 PS，随手一拍，就能把平常事物抓得那么好呢？能否系统地说一下。记得您之前提过《艺术与视直觉》这本书。二是能否透露一下您微博及博客中图文搭配的逻辑，以及其中是否蕴含了某种"语文思维"？谢谢！

孔庆东

你很细心，察觉到了孔和尚其实是一位美术大师。孔和尚这厮实在太多才多艺了，因此为了保护自己，能掩盖的就掩盖，能装傻的就装傻，但再大的罩杯也包不住火，总是不小心就被劳动人民给看穿了。

说到美术，孔和尚是有巨大缺憾的。俺从小就不会画画、不爱写字，至今仍然画鹿为马、写豕像亥。但是，洒家自幼喜欢看画，从连环画、宣传画、年画、漫画、油画、版画中，悟出了一些"美术之道"。后来读了些美术评论，看了些画展，特别是上大学后，系统学习了美学理论，经常去国家美术馆，如饥似渴地饱览中外美术佳作，于是十几年下来，俺画画虽然不如毕福剑，但看画用画的水平，绝对超过毕加索。此中奥秘，非你一句"语文思维"便可概括的，我再补充两句。

一、画作即文本，是无声的文本，好比睡着的公主，需要白马王子去吻醒。你如果没有修炼出白马王子的功夫，那面对美术杰作，也等于瞎子，什么也看不到。

二、日常生活的每一个场景，也可以当作美术文本。你是否发现，孔和尚用文字进行描述时，有一种生动的画面感呢？

三、看图说话，是小学语文一项基本练习，很有益处。但一般人都只能"看见啥说啥"，文字与画面互相说明，这其实是文本资源的低层次浪费，好比五个人指挥淮海战役，早晚得淘汰四个。优秀的配图，不应该是山上再叠山，而应该是山上出日月，另拓新意境。

再做个比喻，对联的上下联，如果意思差不多，那无论意思多美，都属于恶劣的"合掌对"。

上联"沙弥见美女"，下联"和尚遇佳人"，就是网上大多数配图的典型写照。

而优秀的配图应该是，上联"山重水复疑无路"，下联"柳暗花明又一村"也。

[] 孔门记忆力秘诀

⊙ 真金岂怕火炼

做孔粉多年，受益良多。虽然听孔老师讲过许多读书学习的诀窍，但从未听过孔老师传授记忆力的法门。想知道《最强大脑》节目中的选手是如何练就记忆超能力的？天赋和后天努力各占几成？孔老师说过提高阅读速度的根本在于经典书的慢读上，那么提高记忆力的根本在于什么呢？江湖上有关记忆力方面的武林秘籍老师可否推荐一下？谢谢！

孔庆东

关于记忆力的问题，孔老师也讲过多次了。

第一是热爱。

凡是咱们热爱的事物，不用背，肯定刻骨铭心。比如你父母的名字、爱人的名字。

那么，能不能热爱知识、热爱真理呢？

第二是技巧。

不要死记硬背，要找点乐子，找点规律。比如你的仇人叫纪连海，你就记住，他们家一共哥四个：纪连江、纪连河、纪连湖、纪连海！这还能忘得了吗？

第三是勤快。

零碎的时间，就背诵点什么。等车的时候，就背《兵车行》；入厕的时候，就背《望庐山瀑布》。

孔老师说一千道一万，你能做到百分之一，就可以成为次强大脑啦！

[?] 怎样提高学习效率？

⊙ **外语教育出版社**

孔老师您好！我发现学习成绩最好的人并不一定是最用功的，但往往是手脚最麻利的。这是问题的关键。高中的时候成绩最好的同学每天八点前就可以把作业做完。而一个成绩垫底的说他每天回家也坐在写字台前，但脑子里想的是游戏画面，一直发呆到 12 点洗洗睡觉。小学的时候，成绩第一第二的就是做作业速度第一第二的。要说他们成绩好所以解题快吧，但是就连抄写生词这类作业也能比我快，而且我抄生词是良，他们能得优。所以我认为效率和专注某种程度上决定了一个人的学习和工作表现。我自己不是一个很有效率和专心致志的人。请问孔老师如何看待这一问题？关于提高效率和专注力有没有什么建议和方法？谢谢。

孔庆东

祝贺你发现了一个学习秘密！

你的不一定三字，也用得很到位。

确实，学习成绩好，来源有多种。而效率是其中的关键。

那么怎样才能提高效率呢？方法似乎有很多，专家们也能够推荐许多法门。孔老师曾经讲过一个根本大法，那就是：爱。

第一，爱知识。

看见学习内容就高兴，就像看见好吃的那样高兴，逮住机会就吃两口。

第二，爱自己。

浪费时间就是缩短自己的生命，抓紧时间高效率地完成任务，就等于延长了自己生命。

孔和尚现在五十多岁，自我感觉胜过五百多岁。假如有一个从明朝活到现在的人，也不可能比我生活更幸福，精神更丰富。

第三，爱世界。

我们不只是为自己活着，我们都是世界的一部分，只要有可能，就要为世界的发展做贡献。有了这个宏大的目标，怎么能够浪费一分一秒、磨磨蹭蹭地胡乱活着呢？

【❓】读书七绝！

⊙ 烟雨十三剑

老师好！读书效率很低，您抽空指导俺几句吧。症状如下：1. 只在十年前读金庸时，才废寝忘食过；2. 一星期攻不下一本，爱读的也能半日读完；3. 很多好书都是浅尝辄止，囫囵吞枣，东一榔头西一棒槌；4. 白天看书稀里糊涂，深夜静读欢喜赞叹；5. 对英雄传奇和人情世事类尤为喜爱，近日读《隋唐演义》和《林海雪原》劲头很足；6. 对经史子集、马列著作、佛教典籍、西方经典等兴致不大，一直想着以后再好好研究；7. 读书目的单纯，只想把喜欢的内化成自己的。总体来说，还是不踏实，发呆多，乱想多，有的书一翻就头疼，有的书只有读到喜欢的内容才会心生热爱。老师，俺这种情况，该咋整啊？是该按个人兴趣来呢,还是该下功夫读点硬书呢,还是该见书就老老实实地读呢? 苦恼心塞着急中。老师,您辛苦啦! 爱您!

孔庆东

交费一次,只能提一个问题啊! 你却一连捅了为师十三剑,应该罚吃大肥猪肉片子,三分钟内吞下二斤也!

1.读书不必废寝忘食,有空就读点,积少成多,集腋成裘,乃正道也。

2.读书也不必追求速度,难书自然读得慢,不怕慢,就怕站也。

3.制订个大体的计划,本月读什么,一读到底,就不会像没头苍蝇了。

4.白天读时髦书,晚上读经典书。

5.爱读英雄传奇很好,但既然爱英雄,是不是也试着做一做英雄?

6.经典著作一定要每周坚持读一点,否则你经常纵论天下大事,岂不都是胡吣?

7.你的读书目的是正确的。子曰读书要为己。只有内化为自己的,才能去为人民服务也。

[■?] 按照孔老师的标准,天下无敌!

⊙ 一从天清

敬爱的孔老师:您好! 首先向您表达真挚的敬仰、热爱、感激之情,是您重塑了我的人生,谢谢您! 我的问题是关于 7月 8 日您提出的佛祖三问,为什么佛祖会诞生在印度? 为什么佛祖也救不了印度？为什么佛祖的思想在印度衰微了？我重新梳理了一下我的回答，请老师批评指正。一、宗教氛围浓厚。较易生存的自然环境便于更多人修悟。佛祖的个人天才和努力。印度人民的深重苦难更需佛的救度。二、佛法本身偏形而上，导致难以发动最广大民众。印度文明缺乏民主基因，民众素质不够，人民不觉醒，领袖也没办法。从诞生到消亡一直受到统治阶级打压。三、多遭外来文化入侵。未改革创新、与时俱进，不能与社会发展相适应，始终未被主流意识认同，成为官方意识形态。后续人才缺乏，没有出现玄奘、六祖、程朱、阳明、鲁迅、孔老师式的宗师级人物。最后向您致以崇高的革命敬礼！愿紧握您的衣角，永远进步！

 孔庆东

好，你是一个非常认真的学生，思考问题既注意到了全面，又注意到了精细，很有发展。

关于我提出的那三个问题，不可能有什么终极的标准答案。世界上有些问题，不是用来回答的，而是用来永远思考的。即使暂时回答一下，也仍然是为了促进我们的思考。

而倘若固执地非要说出个标准答案，那就正好扼杀了思考，成了走火入魔。

你的回答当然也不是什么标答，也是你思考过程的一个体现。我分别说一下你三个回答的缺点。

你的第一个回答没有抓住佛教的关键，缺点是比较空泛。第二个回答不能解释佛法为什么能够在中国发扬光大。第三个回答有些颠倒了因和果。

综合起来看，你的回答都沾了边，但也都跑了题。这大概是中学语文训练的恶果,有的老师让学生尽量多答几条,碰到"采分点"就可以得分。这种训练,严重伤害了中国青少年的思维,使得大家良莠不分,尽量乱说,侥幸心理很大。

倘若按照孔老师的判分标准,不管你答对多少,只要答错一句,全卷0分!

那时的中国,必将无敌于天下!

[?] 笔耕的葛二蛋

⊙ 逛逛 12345678

请问孔老师,"笔耕不辍"这个词语的来源和典故,我在字典和词典里都查不到。我觉得现在写东西的人都把"笔耕不辍"作为座右铭了,并不是好现象,有为了写作而写作的嫌疑。

——一个更爱读不爱写的学生

孔庆东

你很有认真精神和思考能力,值得鼓励。

笔耕不辍,并非一个成语。笔耕指写作或抄书,汉朝就有了这个说法。不辍就是不间断,不是一个词,而是一个词组。

所以笔耕跟不辍,并非固定姻缘,而是露水夫妻。随时可合可分,因此各种词典里不会收这种"野孩子"。

你后面的批评很有道理,本来笔耕不辍,是指勤奋写作,含有褒义。但是勤奋就一定好吗?勤奋就能写出好作品吗?凡事不可绝对。

倘有人勤奋写作,别人可以用这话去表扬赞美之:"二蛋,你种地真卖力啊！"但是自己当成座右铭，似乎有点过分了。

从屈原到莫言，似乎都没有这样的自勉法。可能只有网络写手，背后有资本的皮鞭抽打着，想辍也辍不了吧。

[■?] 毛主席的一片菩萨之心

⊙北京韩博士

据说毛主席多次向干部推荐《金瓶梅》，请问孔老师，老人家是何用意，为什么要推荐这种书呢？

孔庆东

《金瓶梅》是一部伟大的文学作品，但又是一部具有严重缺点的伟大作品。

此书第一次以长篇小说的方式，波澜壮阔地展现了中国古代社会多层次多阶级民众的真实生活状态，无论文学价值还是社会价值都非常高。**其现实主义的成就要超出四大名著。**

但是因为色情描写太凶悍，大多数成年人也深受其害，所以严重影响了其传播流通。

毛主席为了让那些领导干部了解社会百态，了解历史真相，**特别是了解官商勾结的资本主义的可怕之处**，所以向他们推荐此书。

可是某些领导却心理阴暗，舍本逐末，以为毛主席鼓励他们搞色情活动，甚至污蔑毛主席整天读《金瓶梅》。毛主席的一片菩萨之心，被他们亵渎成潘金莲啦。

［?］孔子与红酒

⊙ **ccjj 央妹**

孔老师，在《论语》中，有许多句子里都提到了"仁""义""礼"这三个字。我想问问，学习论语时，如何正确理解"仁""义"和"礼"呢？如果因为篇幅的问题不好答，可以推荐书目。

孔庆东

你的提问，表现了你的困惑，这困惑，可能具有一定的代表性。

然而，你提问的具体内容，又已经在一定程度上，透露出你为什么困惑——因为你希望找到标准答案。

这正是当代教育所造成的祸患。假如有标准答案，我家老夫子早就直接告诉乡亲们了。他老人家古道热肠，为什么不写一本书，第一章，什么是仁，第二章，仁的六种形式……

我们今天，受的就是这种教育，看上去把什么都说得清清楚楚了，考试背得好，就可以打满分。而实际上啥也没学到，反而训练出了一大批出出进进、乌央乌央的偏执妹，简称 ccjj 央妹。

正因为咱们老祖宗看穿了语言的奥秘，所以你看孔子从来没有一个标准的解释，而是遇见具体的学生，就根据这个学生的病症去开药方。

当然，众多药方的背后，还是存在着一个相通的道理的。古往今来许多书，就拼命想解释清楚那个道理。

说不定哪天孔老师也写一本。但是你不要相信这些书，而且要抛弃那种凡事追求标答的思维。

应该以自己的赤心，直接去贴圣人之言，结合你自己的人生体验，去感受什么是仁、义、礼。

其他人的解释也可以看，但那都属于教辅读物，都属于打开红酒的起子，不要把那些东西，当成美酒佳酿也。

[❓] 关于易经的易字的问题

⊙ 毛毛雨 800800

孔老师，您好！看您对"交"字的释义：交者，六爻也，千变万化，孕育其中也。求您对"易"字的释义。

孔庆东

由交联想到易，你颇有点学问也。虽然交易是一个词，但易比交的含义更复杂、更丰富。我因为学习易经的需要，对学术界关于"易"字的研究，比较关注。多种说法，其实可以打通理解。

篇幅所限，简单跟你卖弄几句。

从语音发生学和心理学判断，声母为 Y 的象声词，往往含有惊讶奇异之意，如噫，咦，呀，唷，哟，耶，吁，晕，表示刚刚发现了一个新的现象，或者要表达一个新的感受，所以代表万物开始的"一"字，也是这个发音，一生二，二生三，三生万物。

人类早期最惊讶的动物并不是豺狼虎豹，而是蜥蜴，所以有一种解释，认为易字表示蜥蜴。而蜥蜴不但会变色，还会断肢再生，易的一切跟变化相关的词义，就由此而来。

至于说易字的字型是日加月，这是后来的误读，但误读出阴阳交替、生生不已的意思来，又恰好可以概括易经的中心思想。

其实易的甲骨文是把一杯水倒入另一杯，这仍然是阴阳转化、雌雄生育的意思。正由于华夏人民最早把这种辩证思维当作主流意识形态，另一种解释遂得以成立，即易字是日下飘扬着王旗。

也就是说，中华文明的核心思想，是"革命王道"。交易也好，变易也好，简易也好，平易也好，都是生生不息，永远革命的。用毛主席的一句话来最后概括："不革命，行吗！"

[■?■] 怎样读诗词中的古音？

⊙ 定福庄老人

孔老师，请教您一个问题，毛主席的《沁园春·雪》里面，俱往矣，数风流人物，还看今朝。里面这个"还"字，我看各个字典里面都是读 hái，但是又看到"还"这个字古代汉语里面只有 huán 这个读音，我自己读呢，也觉得 huán 看今朝比较上口，所以想问问您毛主席写的时候到底他是怎么读的。另外"还"这个字，用作男孩名字是否合适？请赐教！

孔庆东

您所问的，虽然只是一个字的读音，但是涉及了很多人都关心，但是又搞不清楚的古今字音差别的问题。

先说这个"还"字，古代确实读 huán，直到今天，表示归还的意思时，也仍然读 huán。只在表示"还是""仍然"这个意思时，近代演变出 hái 的读音，由北方逐渐推向南方，最后确立为普通话的读音。

毛泽东是不讲普通话的，他口语可能很随便，也许按古音读 huán，也许受别人影响读 hái，两种读法，都不影响此字的平仄和在词中的意思。

今天我们读前人写的诗词，如果用普通话读，那么就应该字字都按照普通话的标准。如果一个单独的字用了古音，为什么其他的字不用古音啊？问题就麻烦了。

当然，也有特殊之处，比如韵脚的字，如果用普通话不押韵了，可以读古音。

再有这个"还"字，今天很多地方和很多老人，一律读 huán，那么你那样读，也是可以的。

最后回答你说的可不可以用于人名，当然可以用，关键在于怎样组合，在于是否顺口啦。

[⬛?] 为什么脑白金这么火？

⊙ 夜半有人私语时

请问孔老师，汉字音韵的平仄如何区分？不管新韵旧韵只问孔韵。

孔庆东

汉语是世界上最科学的语言，中国人对汉语的研究也很早就达到了极其高深的程度。声调问题就是其中之一。

很多语言是不大注重声调的，一般只用来区别方言，我们听老外说汉语，往往觉得他们"洋腔怪调"的，就是这个缘故。初学汉语的留学生，可以字字都用第一声说出"孔老师您有没有吃饭？"把孔老师气得喷饭。

而中国人千百年前就发现了一个字音可以有平、上、去、入诸种声调，不同的声调可以表示不同的意义。因此汉语不但可以发出最多的有效声音，而且具有系统性结构性，还能够用最少的发音次数，表达出最丰富的含义。中文书籍翻译成拼音文字的外文后，篇幅往往要增加一两倍甚至三四倍，就是这个道理。

我们的祖先又进一步发现，声调的音乐性，可以用来构造语言艺术的审美特色。于是就把平声字叫做平，把上、去、入三声叫做仄。而平声字里又分阴平和阳平，就是今天普通话里的第一声和第二声。

虽然古今语音发生了很多演变，但是平仄的基本结构变化不大，大部分古代的平声字今天还是平声，仄声字还是仄声。不过创作旧体诗词时，需要严格遵守古韵，这就需要下点功夫。

南方人问题不大，因为很多南方方言保留了古音，而北方语音变化较大，比如说入声字已经大面积消失了，有的混进了平声。有些是有规律的，例如凡是普通话里声母为 b 而韵母不是鼻韵母的阳平字，就有入声字的嫌疑，白字便是。当然规律里面又有例外。一般 e 韵母的字都是入声，但少数像哥、和、车却又不是，那自有另外的道理。

写旧体诗词可以用古韵，写新诗可以用今韵。但不论用什么韵，哪怕不用韵，适当讲究一点平仄，往往会收到意想不到的奇效。

比如那个脑白金广告，很多人都不喜欢，觉得又土又傻，但是人家却深入人心。为什么？仔细研究就会发现，原来是深合平仄之道的，所以婉转悠扬、铿锵有力。不论你多么讨厌，都深深印入你的脑海，绕梁三年，挥之不去……

[?] 傻子时代，需要标点

⊙ 靠谱小二毛

孔老师，我最近在读一些国学经典，由此想到文言文断句的问题。古代没有标点符号，文章中肯定会出现一些歧义，我想像孔子老子等先贤们不会没考虑过这个问题，那为啥古代文人不重视这个问题呢？是故意不想让经典普及？让统治阶级精英才能掌握文化权和话语权？那现在文化基本普及了，为啥人民群众还是没有文化权和话语权？

孔庆东

你自己已经回答了一半的问题啦。

是的，有没有标点符号，都无关乎人民群众是否有话语权。就像美国人民可以持枪，但依然是统治阶级的犬马。

文言文是高级语言，需要学习较长时间。如果学会了，就能发现，其难点不在于没有标点。如果学不会，都给你印好了标点，你不还是读不懂吗？

何况，有了标点，也就有了错误。

再想想，之乎者也矣焉哉等文言词汇，难道不兼具标点的功能吗？在"呜呼"后面还要放上一个惊叹号，正表现出现代人的无知也。

最后还要想想，文句存在歧义，就肯定是一种缺陷吗？

[？] 开方配平与识谱

⊙ 青柠天

孔老师，您常说语言文学关乎国家兴亡。最近坊间流传要取消"的地得"的区别，争议很大。这件事您是支持还是反对，我们应该按照便捷性、艺术性，还是语言流传发展规律的标准来评价呢？

孔庆东

关于的地得这三个助词的使用，对于我这一代学生来说没有什么大问题，而此前和此后出了问题。这并不是因为我们这代人聪明，而是关键在于我们的语文教育是否强调语言规范。强调了，学生们就很清楚；不强调，纵容乱用，就会造成混乱。

的地得之区别，有那么难吗？难道比开方更难？难道比配平更难？难道比识谱更难？说不好掌握的人，完全是胡说八道。十分钟就可以掌握了，几次练习就熟练了。

现代汉语的语法，是很清晰很科学的。这几个助词的用法，关系着是否明确区分定语状语补语的问题。近年来由于不强调其区别，导致了大量说不清更写不清正常人话的脑残。

五四时代，现代汉语还在形成阶段，区分不严格，但是前辈们具有古文教育基础，所以语句逻辑是清楚的。

到了毛泽东时代，这三个助词的使用，清清楚楚，所以那时候咱们的新中国是顶天立地、谁也不敢欺负的。现在呢，自己都不好好尊重自己的语言，所以阿猫阿狗都来欺负中国了。看看人家英美国家，会不强调 if、of、or 之间的区别吗？那国家还不乱啦？

的地得几个字，表面看来有时候可以互换，似乎没有那般严重的问题。但危险就在于这种无声的瓦解和侵蚀。你可以看看生活中严格对待这几个助词的人和不严格对待的人，有什么差别。再进一步，你可能还会发现，自己拼音不好的专家，就主张淡化汉语拼音教育；自己脑袋混乱的专家，就会主张淡化汉语语法教育；自己具有汉奸思想的人呢？

[?] 谁指导我们遇鬼杀鬼？

⊙ 杰克斯洛伐克斯基

孔老师好，近代以来中国经历了三次意识形态的剧烈变迁，第一次是五四运动，第二次是"文化大革命"，第三次是当代的那啥。个人感觉，各种价值观的激烈碰撞，常常让俺这一辈找不着北。请问该如何应对呢？未来的意识形态会如何发展？

孔庆东

嗯，你表述得不够准确，不过老夫明白你的意思。

你的意思是说，这一百年左右的时间，人们的思想变化频繁，社会思潮斗争也频繁，让你等年轻人有点不知所措，不知道将来是不是还这样。

其实不必担心。剧烈的物质生活变化，咱们都能适应，又何况精神生活的变化呢？而且这也不是一个民族一个国家的事情，天塌下来自有矮子先逃跑，咱们普通人何必迁人忧地呢？

但是这样说，不等于麻木不仁，混吃等死。而是在战略上藐视一切变动的前提下，战术上要积极适应。

那么拿什么去适应呢？

这就需要学习传统文化。不但要学中国的传统文化，还要学习外国的传统文化。传统的经典读明白几本，现实的孙猴子就跳不了多远。

如果实在没有能力和时间去学习经典，那么还有个方便法门，就是直接学习毛主席的文章。毛泽东的文章打通了古今中外，虽然不能代替一切，但是其思想精髓，完全可以指导我们遇佛杀佛，遇鬼杀鬼，不论世界变出什么新花样，我们都能不管风吹浪打，胜似闲庭信步。

[■?■] 法律表达要严谨

⊙ 赵新羽 1981

孔老师:《民法总则》第二条是病句吗?《民法总则》第二条: 民法调整平等主体的自然人、法人和非法人组织之间的人身关系和财产关系。我认为，该条的"平等主体"之前缺少"作为"，我的看法是否正确，请您指教。谢谢。

孔庆东

难得你对国家大事如此重视，为了一个法律条文中的用词，还花钱来提问。我们的政府工作人员，如果都有你这样的责任心，我们的祖国该有多么美好啊。

不过说到具体的这句话，民法的原文表达是没有语病的，语法通顺，词句没有歧义。而你的表达当然也是对的，你加上"作为"二字，优点是意思更明确了，只是不加也可以。

条文拟定者，大概是根据尽量从简的公文表达惯例，不使用"作为"这样的西式句法的。举个旁例："单位给老花眼的同志买了眼镜"，和"单位给患有老花眼的同志买了眼镜"，意思是一样的，而且都没有语病。前者更符合中国传统表达，后者使得意思更加明确也。

[?] 孔电工的省电秘籍

⊙ 人生二百年水击三千里

咋就没人问理工科问题。南方冬季没有供暖，只好采用暖风机或空调取暖，请问北大著名电工孔师傅，哪个更省电（在其他条件相同的情况下）？暖风机是生产热能，效率肯定小于1；空调是搬运热量，输出的热功率比上输入的电功率可以大于1，这样理解对不？

孔庆东

你问的确实是理工科问题，但是理工科问题为什么很少有人问呢？

就因为简单的理工科问题不用问，自己闷头做题就行了。而复杂的理工科问题问着问着，就成了社会问题和人文问题。其实只要是人在问、人在答，就没有任何问题不是人文科学的问题也。

就拿你提的这个省电问题来说吧。虽然孔庆东老师讲的变电所选址和送电线路的路径选择，是个理工科问题，但是老百姓家里采用何种电器取暖，在第一时间就变成了一个经济学问题。老百姓首先考虑的是花多少钱、取多少暖。省电与否，都要为此服务。假如花十块钱就能让俺家暖暖和和一冬天，谁管你费电不费电呢？

你大约是把省电直接联系到省钱了。但是我们一般人选购家用电器时，省电属于第三层次以下考虑的问题。省电的东西往往比较贵，你省下的那点电费，已经在购物时提前支出了！另外省电的器具可能在其他方面有问题。**李白说世界上没有无缘无故的省电！**

当然你对此也有所考虑，特别在括号里注明了其他条件相同。这也客观上印证了，大面积取暖，还是空调比较好，而小面积局部取暖，电暖器迅速而有效。

而从社会整体而言，在私有制的世界里，无论怎样选择，都必然是穷人为了省电而尽量冻着，富人为了暖和而尽情用电。所以孔师傅干了半辈子电工，终于明白了一个理工科真理：只有社会主义，才能又省电、又省钱，大庇天下寒士俱欢颜！

[?] 孔哥就喜欢这样的小妹妹

⊙ 黑手高悬霸主鞭

孔老师，您好！我有个疑惑，希望得到您的解答。问题概要：发现买来的或者借来的书，都没怎么好好看，有的甚至干脆没拆过。想知道买书不读的毛病怎么治？以前是不知道读什么，看了您文章中推荐的五十部书目之后，知道了读书的方向。将这些书部分入手之后，却想不起来读。即使是读，也是读个一时半刻，觉得乏味便又合上放回书架了。也许这个和自我管理有关，但是如何超越这个坎儿呢？

孔庆东

像你这样的朋友很多，一言以蔽之，可以说是患有"叶公好龙病"。

我过去非常喜欢这样的朋友，自己买书不读，于是俺就去借来替你读。好比邻居家的小妹妹，过年买了很多鞭炮不敢放，于是孔哥哥帮她放，她还连声感谢孔哥哥，多么美好的事情！

你是愿意当孔哥呢，还是愿意当那样的小妹妹呢？

买了书不读，等于是娶了媳妇锁在洞房，那是极大的犯罪啊。你首先要从这个政治高度，严肃地认识这一问题。如果认识到了，下面就是怎样读的问题。

对于非职业读书人来说，不要目标太大，每个月读一本就行。任他弱水三千，本月就喝一瓢。

你就从明天开始，拿出一本书来，四月下旬读完。如果读不完，你就是那个小妹妹啦。

[?] 我为什么恨鲁迅？

⊙ 立标微号

读鲁迅全集如何才能坚持下来？少时读零星的课本文章，

现购入全套，却屡屡读不下去，自我检讨一是今人常见病："没时间"；二就是老会不由得把今时带入进去，痛苦！请教老师：一个平时忙碌碌的设计狗，如何啃下这"大块头"？谢谢！

孔庆东

首先要高度表扬你啊。你能够花钱买鲁迅全集，用鲁迅式的语言说：这在今天，是怎样的一个胸中怀着火种的青年啊！

其次，你读鲁迅，还能够将今天带入，读出痛苦来，这又是怎样的一个有良知有人心的青年啊！跟网上那些行尸走肉比，你已经得了大幸福了。

至于你想读完鲁迅全集，这固然是个有志气的念头，但也不必执著于"完成任务"。

我建议你每个月只看一卷，平均每天十多页，有空时可以多看几十页。既然是自己的书，可以在上面勾画批注，算是生命的旅痕。注释一定要细看，那会越看越有意思。

鲁迅读得半熟了，以后也就不用再花钱向孔和尚提问啦。我恨鲁迅！

[🔘?] 要认真读人家的原作

⊙ 小呆谢

孔老师，能不能评价一下张承志先生的作品及其思想？

孔庆东

第一，张承志先生是当代杰出的文学家和文化学者。

第二，张承志具有深沉的爱国主义精神和国际主义精神，是继承社会主义理念反对帝国主义霸权主义的文化战士。

第三，有些人对张承志有误解，以他的民族身份来推测他是极端民族主义者，这些人应该认真阅读人家的作品，特别是新世纪以来的大量文化散文。

[?] 这桌菜不错

⊙ 布尔什维克 199704

孔老师，您好！我是一名历史爱好者。但是了解到的历史多数来自于课本和网络野史！最开始也深信润之先生老年确实糊涂！直到进入大学以后慢慢接触到了您以及艾跃进老师等有良知的知识分子我才对某些问题有了全新的认识！我知道自己以前的很多认识是被蒙蔽了！我觉得您是一位客观博学的知识分子，也是一名可敬的长者！我想听一下您关于伍豪和林帅两人的客观评价，以及伍豪和林帅的矛盾。另外有点贪心还希望孔大和尚顺便给小僧说一说郭开贞。由于话题比较敏感，担心被屏蔽，所以名字和图片都换了一种表达方式，希望孔老师谅解。翘首期盼孔老师的答复。

孔庆东

好啊好啊，你提的这几个问题，可能需要三十本书来解答。但是我估计你并非需要那么详细的解答，**你只是需要一种快餐式的启发而已。**

首先关于开贞大师的问题，你可以阅读我的《国文国史三十年》，里面写的还算清楚，这样我就省事了。

其次是伍豪大师，那可以说是人类历史第一相爷，无人可以超越，是专门为了当大管家而从天上掉下来的。

再次是育帅，那也是从天上掉下来的。我以前好像说过，全部人类历史上最伟大的军事家，如果润爷 95 分的话，育帅85 分，其余都在 75 分以下，拿破仑只有 65 分也。

至于矛盾，革命历史上的矛盾多了。可以说人人之间都有矛盾。但伍豪跟育帅一直矛盾不大。直到晚年，育帅一人之下万人之上写入法典，形势才扑朔迷离起来。而育帅之驾鹤西游，谁是最大受益者呢？学界议论纷纷，但因缺乏铁证，终不过皆为猜测也。

相信以君之睿智，定获启迪一二，天下大事，点到为止，还望批评指正也。

[?] 如果姚明怼刘国梁

⊙ 李庆毅 79000

孔教授您好！您应该对方舟子和李教的评价都不错。请问您如何看待方舟子怼李教？我本人很佩服方舟子脑子好，但是又经常觉得方舟子他似乎是一根筋。

孔庆东

名人之间经常会出现争执和对立，对此，很多人经常会犯下述错误：

当冠军与亚军争执时，就站在冠军一面，并进而看不起支持亚军的人。

当两个项目的冠军争执时，就站在自己喜欢的项目一面，并进而看不起支持另一面的人。

方舟子和李敖，应该相当于两个项目的冠军吧。你说方舟子脑子好，这当然没错，他脑子不是一般的好，但李敖的脑子也是一流的好啊。

你觉得方舟子似乎是一根筋，这跟脑子好不矛盾。脑子好不好，是智商问题。而一根筋与否，是思维方法问题。一根筋可能是一种缺点，但很多成就，也正是靠着一根筋做出来的。

方舟子打假，我看也有点一根筋。与此相似，你不觉得李敖的工作也属于打假，李敖也有点一根筋吗？他们被人喜欢，和他们的主要成就，都跟这个一根筋有关。

当然，你想说的可能是一根筋的不利的一面，就是因为固执而容易走极端，孔和尚批判极左极右也是这个道理。不过这又是很难避免的，批判别人容易，自己做到既有成就又不犯一根筋，这需要在实践中具有高超的智慧。我看孔和尚这个人，在打汉奸的问题上，好像也有点一根筋呢。

当我们听姚明说世界上最美好的东西就是篮球的时候，我们不必去跟他争论，我们心里明白他要表达的意思和感情就行了。你该踢足球踢足球，该打网球打网球。

姚明怼刘国梁，自有他的道理。对于大多数局外的普通人来说，我们拿着逻辑的笊篱，捞出来那个道理，其余的放回锅里，可能就是最合适的选择也。

[?] 有出息的学生，不像老师!

⊙ 蓝天白云 51001

孔老师，二十年前您恭贺钱理群老师六十寿辰时，曾谦虚地认为自己没有值得一提的成就作为老师的寿礼。今年钱老师喜逢八十寿辰，您实现了当年的美好心愿吗? 钱老师对您又是如何评价呢?

 孔庆东

谢谢您还记得我二十年前对恩师表达的谢意和愧意。

二十年的时光如黑驴过隙，二十年间当然发生了许多事，也做了很多事，但这些事并不足以让自己有些许的骄傲或傲娇。从学生对老师的感情来讲，也许刚开始跟着老师学习的时候，才是最理直气壮心无愧意的。而随着岁月的流逝，你会发现老师的优点越来越多，多到不是你用自己的所谓成就可以弥补差距也。

比如子贡和子路，他们跟着孔子学习多年后，肯定比当初刚刚入门时水平高多了，本事大多了，但此时他们反而明白跟孔子的距离是不会随着时间缩短的。孔子对他们当然很喜欢很爱护，孔子也会一如既往地该表扬表扬、该批评批评。时光把美好的师生情谊铸成了一首诗，我们可以说这就是已经实现的美好心愿，也是奉献给老师的最佳寿礼。

钱老师多年前对我讲过一番非常深刻的话:"北大的学生，必须不像老师! 如果像老师，就是没出息。"

这当然是一个非常高的要求，因为天下大部分学生都是像老师的，老师也希望和要求学生像自己。后来我为了让学生不至于发生误解，就增加了一点内容，成为这样的话："有出息的学生，应该不像老师。但是经过仔细分析，他骨子里跟老师，又是非常像的。"

第三章
回归健康的
读书之味

[?] 回归健康的读书之味

⊙ 品山茗海

孔老师您好，我儿子今年读大一，学计算机专业，从小就喜欢看书，但大多是国外作家的书籍，现在看问题很多观点都已西化，与传统文化格格不入，您对如今大学生该看哪些书有何好的建议？

孔庆东

喜欢读书是优点，如果多读外国经典名著，也是优点。

就怕读的不是真正的经典，那么无论读中国书外国书，都容易跑偏。

既然爱读书，建议回来补课，从诸子百家读起。如果喜欢读文学，那么也可以从中国经典文学读起，古代现代均可。

但关键是不带偏见地阅读。好比吃惯了垃圾西餐，就认为满汉全席是垃圾，认为饺子汤圆都是垃圾，那就得慢慢排毒清火，回归自然健康了。

[?] 完美的标准

⊙ 君子长戚戚

请问老师，您觉得古今中外有没有完美的文学作品？或者说最接近满分的文学作品有哪些？我记得您评价托尔斯泰和陀思妥耶夫斯基，也嫌他们闲笔太多，故意拉慢节奏，是吗？

孔庆东

完美不完美，关键在于标准。也可以用语境来理解。

人们赞叹一声"完美"的时候，往往是在那个具体时刻感到各方面都达到了自己的理想，但是过一天，或者换个角度观察一下，也许又会发现问题。

文学艺术就更是这样，环肥燕瘦，各有标准，所以必须放在指定的系统中，才能确定其完美指数。

如果从文与质的结合度来看，唐诗应该是最完美的。可是一旦把唐诗作为一个系统来考察，则又会发现，李白、杜甫是最完美的。而你通读了李白的诗作之后，又会感觉，某几首才是最完美的。

其实用哲学思维来理解的话，完美只存在于我们的精神世界，偶尔拿出来，给现实世界点个赞而已。

[■?■] 六神磊磊读金庸

⊙ **中华盛世 159**

孔老师,您怎么评价六神磊磊读金庸的,您是金庸研究大师,中文水平应该排在当今前 50 名。您给打个分,六神写读金庸的作文水平您能打多少分?

孔庆东

六神磊磊是当今网上金庸评论界的佼佼者。

他一方面对金庸的作品下了深入的研读功夫,另一方面又能够结合当下网民的心理需求,进行当代性的解读。这是应该充分褒扬和鼓励的。

至于你说的打分一句,有点语焉不详。你问的是六神磊磊的作文水平,还是他评论金庸的水平呢? 从你前半句先表扬了我一句来看,好像问的是他的文字水平吧。

那么正好孔老师是当过中学语文老师的,如果在我的班上出现了这样的作文,当然要打 90 分甚至更高了。

[■?■] 现实与不现实

⊙ **炊烟袅袅夜深沉**

敬爱的孔老师,您好! 最近读完曹征路老师的小说《那儿》,感觉写得特别好,就想推荐给身边适合阅读的人去读。但是又担心他们看到小说结尾处所描写的小舅几年来为停产工厂保养设备，小舅为落入虎穴的工厂和工人奔走，最后绝望而死的情节时，会认为人物塑造脱离现实，与小说主体部分的现实性存在落差，进而怀疑作者和整部小说的立场问题。因为我们身边有这样的工厂，但确实没有小舅这样的人。所以很担心他们提出疑问而我无言以对。恳请孔老师指点迷津！谢谢孔老师！

孔庆东

不能因为你的身边没有某类人，就认为文学作品中塑造的某个人物是不真实的啊。

判断一个人物是否真实，要根据作品之中人物生活的具体环境去判断。比如我的身边，既没有武松也没有李逵，既没有江姐也没有甫志高，我们判断这些人物是否成立，就是依照作品自身的发展逻辑。

当然，这个逻辑，最终还要与生活的逻辑相对照。

回到《那儿》中的小舅，他的性格和奋斗轨迹，使得他最后有了那样的归宿，没有什么不合逻辑的啊。当然这也不是说文学作品的情节发展就只能是一条路。具体呈现出来的，只要合乎情理，就是可以成立的。

在毁坏社会主义企业的几十年中，有许多工人和基层干部用各种方式斗争过，同时也绝望过，还有很多人以各种方式死去了。这就是小舅这个形象的现实基础。这部作品不但没有脱离现实，反而是写得太现实了。

[■?■] 分清麦苗和稗草

⊙ 湘江东爸

　　孔老师，我读完《平凡的世界》第一部，有些感受，不吐不快，有些疑问，不问不明。1.润叶和少安的爱情是第一部的主线，贫富的差距，身份的差异让两个相爱的人不能在一起。倘若作者来到现在，看到今天巨大贫富差距，还会批判那个年代的贫富差距吗？2.此书无疑对合作化道路持否定态度，少安心里只想着孙家，少安的媳妇，更进一步，只想着自己的小家庭。这种心理可以理解，但算不得英雄。相反，对革命人物的描写，有丑化之嫌。孙玉亭，跛女子，公社的革命干部，都很不堪。不公道。3.这本书对农村生活的描写，比较生动。但几个重大的历史事件，像硬插进去的。有些突兀。4.少安娶亲的时候，其父有个心理活动，25年前娶亲娶不起，25年后，还是娶不起。有种否定新中国成立后农村发展的意思，很不公道。旧社会，孙家这样的家庭，能有三个子女受教育吗？贫农家的孩子会跟县太爷的女儿、侄女产生瓜葛吗？是的，那个时代不会有少安和润叶的悲剧，因为根本就不会有他们的爱情。孔老师，困惑比较多。请您对路遥稍作点评。

孔庆东

　　其实您在提问的过程中，已经进行了严肃而认真的思考，而且已经提出了很客观的看法。

　　路遥是一位勤奋而严肃的现实主义作家，他写出了很生动的农村生活，表达了底层人民的尊严和不屈奋斗的意志，也描写了很多世态炎凉和社会的不公正。这些是其作品的主要成就。

但是文艺作品难免都要受到时代的局限，在路遥进行创作的那个年代，能够被发表、被出版的文学作品，基本上都要"控诉"一下毛泽东时代的贫穷落后，都要站在改革开放的政治立场上，否定前三十年的很多事物。这种普遍的现象也不能说完全没有道理，因为毛泽东时代也存在着很多不好的干部、不好的现象。

这就好比巴尔扎克反对革命，但那不是他的作品的主要内容一样。路遥涉及这些问题时，只能说"未能免俗"，但他绝不是那些故意否定革命的反动作家，更不是一心用文学作品来进行文化颠覆的汉奸作家。

我们评价文学作品，一定要一分为二，分清麦苗和稗草，既要明察秋毫，又要有大局观和历史的眼光。

希望你继续以这种严肃认真的态度去阅读各种书籍，侠肝义胆与火眼金睛结合起来，就会从清醒走向成熟。

[?] 不同的芳华

⊙秋窗风起玉尘沙

孔老师您好，请问您对严歌苓有没有研究？学界对其人其书作何评价？

孔庆东

严歌苓是海外华人女作家中很优秀的一位。孔和尚有零散文字评论过严歌苓，多年前也曾在开会时交谈，相互比较理解。

学界对严歌苓的作品是评价比较高的，这首先是因为其文字的细腻，其次是对女性命运的关注，最后是故事的背后还有比较大的时代关怀。

不过说到时代关怀，严歌苓与许多其他著名作家一样，也自有其时代局限。他们没有对历史进行过专门的研究，所以对新中国的看法，基本上是随大流的。

但是严歌苓本人，是很真诚质朴的，基本上能够从亲身体验出发进行创作。所以其作品总有能够打动人之处。

这是必须与那些利用严歌苓的作品来达到某种政治目的的人区别开来的。也正如青春芳华本来是美好的，但不同的使用方式，造成了各自不同的芳华。

[■?■] 马克思也不是算命的

⊙ 央视一套禁播广告

请孔老师评价一下《世界理论体系》这本书吧。世界真的会按照书中预言的时间和方式发生巨变吗？韩毓海老师说："书中的理论必将被中国的知识界接受。"光让知识分子掌握真理不足以化为改造世界的力量呀。我赞助点费用，您就帮宣传宣传吧。

孔庆东

很抱歉，你说的这个"世界理论体系"我没有看过，所以不能评价。我想，你要说的是不是"世界体系理论"啊？

世界体系理论，当然是很重要的。但是再重要的书，也不可能让世界按照其设计和预测来发展。

比如马克思很牛吧？他老人家就预测不到十月革命。列宁很牛吧？他老人家也不会想到农村包围城市。

其实一方面学好儒释道，一方面学好马列毛，世界上已经没有什么理论不能涵盖于其中了。

真正把世界当作一个体系加以科学研究的鼻祖，就是马克思博士。

真正把世界当作一个体系，把各部分各层次的关系掌握得胸有成竹、得心应手的，就是毛润之同志。

[■?] 这个爱情，价值几万？

⊙恺__

　　孔老师，保尔是爱情的榜样吗？小学时代，读《钢铁是怎样炼成的》，当时无法理解保尔，尤其是当读到他与冬妮娅断绝关系的时候，虽然年幼的我几乎无法懂得爱情是什么，但我总是隐隐约约地不解为什么保尔要结束曾经快乐的时光。后来上高中，我曾暗恋过班上同学，我知道早恋不对，所以每次看到别人，想入非非时，就会无比羞愧，然后回家第一件事就是拿起《钢铁是怎样炼成的》翻看，一次又一次地用保尔鼓励自己，保持心无杂念。后来上大学和工作以后，我越来越觉得，保尔是爱情和婚姻上的楷模：他不因为政治地位的差异而放弃爱的机会，当对方完全无法与自己站在一个阶层的时候，他毅然抽身而退；工作上他遇到了丽达，也许作者自己都认为他的离开是莽撞的，但是我觉得保尔的选择是远离了诱惑，而且对双方都好；最后他在婚姻上选择了达雅，实现了物质上和精神上最好的共融，是家庭的最好归宿。在革命作品中，很少有将主人公面对爱情的心理斗争展现得这么广阔的，每次读我都不禁落泪。我知道有很多学者在爱情上批评保尔，为女方说话，但是我一直坚持认为保尔是爱情的楷模。孔老师，您认为呢？（第二次提问啦，不知道我是不是第一个有幸被两次回答的人，自认为这个问题如果能得到回答应该值五万。噗哈哈哈哈哈）

 孔庆东

我很喜欢你这种性格，你提的问题也确实值钱。但是你不要那么臭美哦！首先获得我回答两次三次的都已经有好几位啦，有一位洞秋先生已经被我回答四次，目前暂居冠军。要想拔得头筹，至少要被俺回答五次哟。其次，你的问题明明只付了区区348元，哪里就价值五万呀？你这是要犯欺诈罪哦。

关于保尔的婚恋，你的理解非常正点。但是要说保尔是爱情的楷模，后面应该加上"之一"，以免有人误解爱情就只能这样。爱情的模式，应该是最多姿多彩的。

保尔的爱情，确实具有谜一般的魅力。极左和极右人士，都不能正确理解，因为他们缺乏基本的人性感悟能力。保尔与冬妮娅最终的分手，是残酷的阶级斗争的现实造成的。两个政治境界有差距的人，可以结合，但是境界完全相反，就会造成痛苦。你以为他们分手后，保尔就不爱冬妮娅了吗？

孔和尚认为，保尔一生都爱着冬妮娅，这与他爱着其他女性是不矛盾的。他选择与冬妮娅分手，就是对这个爱情的最负责的表现。懂得爱的人，不能只想着结合和获得，有时候，真正的爱情恰恰表现为毅然中断和保持距离！

保尔对冬妮娅，对丽达，都是这样选择的。你如果能够理解这一点，你对爱情的体会，就更进一步了。

俺这个回答，不止五万吧。

[■?■] 怎样看日本推理小说？

⊙ 且歌且行的

孔老师好！最近我连续看了东野圭吾的《解忧杂货店》《白夜行》和《嫌疑人 X 的献身》，不知您喜欢看日本推理小说吗？您对东野圭吾推理小说位居国内个别媒体畅销书排行榜前列有何看法？谢谢！

孔庆东

终于又有人问我文学问题啦，谢谢！

我都有点忘了我是什么专业的教授了。

不过这个问题我不是最合适的回答专家。

侦探推理小说，属于我的研究范围，日本也是推理小说大国，东野圭吾是当代推理大师，所以总会了解一些的。不过推理小说是规模化文化产品，数量巨大，涉及国家和时代众多，所以我对东野圭吾的了解，并不比我对孟东野的了解更多也。中国比我更熟悉这位作家的教授，应该在十位以上吧。

东野圭吾之所以影响巨大，主要是因为他综合了社会派和本格派的优点，开创了"写实本格派"，既做到故事好看，又具有较深的社会意义。其实这也不过是与时俱进。

我看各国侦探推理作品，一个目的是研究该国的社会和国民性。东野圭吾的小说，就比较真切地帮助我们认识了日本社会。

虚伪、焦虑，少年犯罪，乱伦欲望……一方面向往着真诚善良，一方面挣扎在罪恶的渊薮。

另外日本人心思细密，这在东野的小说结构和局部描写中都有典型的反映。在这个问题上，中国人和美国人都应该向日本学习。

所以东野圭吾的小说排在畅销书排行榜的前列，不但是正常的，而且是合理的。

[？] 孔和尚不如杨振宁

⊙ 林庭雨笙

孔老师您好。这是我第二次向您提问了。《三体》是一部近两年来非常火的堪称史诗级的科幻巨著。因为《三体》我也被刘慈欣圈粉，因为我的专业是物理，所以对里面基于物理知识展开的想象，更有一种深深的迷恋。《三体》所获的诸多奖项我就不赘述了，它对中国类型小说乃至整个畅销文学的影响与贡献也不必多言。我想请问老师您，《三体》有可能获得诺贝尔文学奖吗？或者说，可能性有多大或者多小？因为我们知道，《三体》的文笔也许没有那么细腻出众，所属的领域又是科幻而非现实题材，而且其中所涉及物理知识也有不少存在漏洞，就科幻而言，所描述的三体世界威胁地球的年代也已经过去，会不会因此少了些真实性而降低了其对人类的警示作用？不过毕竟诺奖也总出乎人们意料，正如民谣歌手鲍勃迪伦也拿了诺奖……另外，老师您怎么看《三体》与它的作者大刘呢？最后，祝老师工作顺利，身体健康！

孔庆东

你提问得虽然比较啰嗦，但核心其实就是一个《三体》能不能获得诺贝尔文学奖的问题。

我的看法是，《三体》不可能获得诺贝尔文学奖。

第一，大刘是中国当今最优秀的科幻作家，《三体》是非常优秀的科幻小说，已经获得了科幻小说界的"诺贝尔文学奖"，这已经是顶级荣誉，用不着再用诺贝尔文学奖来锦上添花了。

第二，诺贝尔文学奖如果再次颁给中国作家，那么达到该奖水平的中国作家至少有十人，不可能颁给莫言、曹文轩、刘慈欣这样已经获得顶级荣誉的作家，因为一年只有一个，必须考虑影响面也。

第三，科幻文学跟民谣歌词创作不同。后者属于广义的诗歌创作，而科幻属于"类型文学"。这有点像武术套路比赛的冠军，没有必要再跟散打冠军一争高下。

第四，如果科幻文学作为类型文学也可以竞争诺贝尔文学奖，那么中国武侠小说、侦探小说、言情小说的成就，都不在科幻小说之下也。

第五，诺贝尔文学奖好比水痘，出过了也就那么回事儿。该奖的含金量越来越低，已经不能作为一流文学的标志，中国人民也不像以前那么顶礼膜拜之了。

刘慈欣与《三体》，已经用自己艺术想象和科学思考的深度，留在了文学史上，也就没有必要貂皮大衣外面，再裹个棉猴了。

[?] 你为什么要读高阳?

⊙ 马不停蹄看落花

　　孔老师，最近有朋友推荐我看高阳先生的小说《红楼梦断》。我百度搜索了一下高阳先生，了解到他是台湾已故作家，写历史小说很有名，作品《胡雪岩》很受欢迎等。请问孔老师如何评价高阳先生的历史小说？《红楼梦断》值得一看吗？

孔庆东

　　高阳先生是当代著名历史小说家，作品很多，影响很大。《红楼梦断》就是他的一部很有名的作品。如果天下有十万个小说家，高阳大概能够排进前一千名，这是非常了不起的成就了。

　　但问题不在于高阳成就如何，问题在于你，你为什么要读高阳！

　　天下那么多好书，你都读完了吗？

　　孔、孟、老庄，你读完了吗？莎士比亚、托尔斯泰，你读了多少？你为什么不读天下前一百名的书，而要读天下前一千名的书呢？

　　另外读书这种事，怎么能听朋友推荐呢？**应该读什么书，根本不需要任何高人推荐，天下什么书该读，这是明明白白的，就是那些如雷贯耳的经典啊。**

　　除非你是吃孔老师这碗饭的，专业研究小说的，才需要什么书都胡乱看看。否则你的生命有限，读个高阳，就占用了你一百个小时甚至一千多个小时，你读它干什么呢？

　　你明白了吧？对于孔和尚我来说，高阳不但值得读，而且必须读。而对于你来说，第一你不是学者，第二你不当作家，第三你也不可能从他的书里学到当官做生意的诀窍——另外还有大量的管理学、经济学好书可以读。

所以，你整明白你自己要干啥、需要啥，你再决定是否读吧。

你的这个问题，也是千千万万糊涂的青年人都会有的，感谢你给我一个机会同时启蒙了他们大家！

[?] 不要糟蹋烤鸭

⊙ vigarpan

东哥，你的《47楼207》影响了我整个青春，你觉得你以后还能写出超越这一部的小说吗？

孔庆东

谢谢你喜欢我的文章。客观地说，《47楼207》是一篇很优秀的作品，开创了一种叙事文体，也开创了一种叙事文风，许多人进行模仿，但都不能成功。这说明此文包含深层魅力，喜欢者虽多，未必都能体味。

一部分读者以此文作为标准，衡量本人此后所作，认为"孔庆东变啦"或者"孔郎才尽"，这都是外行之言，他们都没有读懂《47楼207》。

读此文如果光笑而没有黯然神伤，都属于买椟还珠，点了烤鸭就知道吃葱丝蘸酱也。

其实本人后来的许多文章都越写越伟大，至少也是各有千秋，足以彪炳千古的。至于未来的创作，谁也不能预料。何况整个创作这件事，对孔和尚来说，没有那么重要。

你不觉得现在孔和尚貌似嘻嘻哈哈的微博，正是在开创一种伟大的文体吗？你没有听说过"楚辞汉赋，唐诗宋词，元曲明说，鲁迅杂文孔微博"吗？

总之，真正的孔粉，时时处处都能感受到孔和尚新的开创，感受到孔和尚笑中含泪的菩萨心肠加金刚霹雳的。

[？] 姜哥和张姐

⊙ 坦克兵 69

孔老师：我读过您的《十八岁，我不懂爱情》，特别想知道姜哥和张姐后来的故事，想知道他们的现状以及您和他们后来的交往。谢谢！

孔庆东

哈哈，你这个问题是代表千万个孔和尚的读者问的吧。那个姜哥，去了日本之后，开始还有信来，慢慢的就没有音信了。世纪之交，听人说又回中国了，但是跟老朋友都没有往来。张姐读了电大，在江湖上几起几落，现在是个慈祥而硬朗的奶奶，只在过年时寄个贺卡。张姐说她们集团的老总很有魄力，很有沧桑。不过我有点怀疑，这个老总，可能就是姜哥。

[?] 人民币不能成为伪币！

⊙ 到底让换昵称吗

请问孔老师，您怎么看宋鸿兵老师的《货币战争》系列以及他的经济学说？

孔庆东

我不是经济学专业出身的，而经济问题又是我们每个人必须关注的，那么怎么办呢？

第一，从生活本身出发，经常思考经济学问题。

第二，接触经济学出身的人士，参考和吸收他们的见解。

第三，适当读一些经济学著作和论文，争取达到准专业水平，起码能够听懂一般的经济学理论。

第四，以哲学理论特别是马列主义毛泽东思想为指导，高屋建瓴地观察和分析各种经济问题。

根据上述前提，我认为宋鸿兵老师的《货币战争》系列，是非常优秀，同时又通俗易懂的经济学著作，书中体现出的经济思想，是独具慧眼又紧密结合实际的。

但是我也读到一些文章，对《货币战争》有所批评，或者对其中的不同部分有着不同的评价。我也听人当面说过该书不好，甚至进行全盘否定，还有人直接说宋鸿兵老师是骗子。

我对各种观点冷静看待，结合自己的认知，我仍然认为瑕不掩瑜，该书的成绩是主要的。特别是在中国人民最需要认清金融战争实质的时候，宋鸿兵起到了时代号角的作用。当然这不是一个人两个人的功劳，宋鸿兵也是听到了时代的召唤而已。

当前，中国人民在金融问题上，被帝国主义扼住了咽喉，严重阻碍着中华民族的复兴伟业。所以我们必须更加深刻地看待货币问题，保卫金融主权，绝不能让我们的人民币成为用中文印刷的"伪币"和人见人厌的"劣币"。

[❓] 作文的"战术"

⊙ 三若闻道

请问孔老师，孩子刚上初一，每次写作文都很头痛，坐在电脑前半个小时写不出来东西，最后只能勉强凑够字数，按说上课能听懂，课外书看不少，说话表达也没问题，有什么好办法帮助上初中的孩子比较快地提高作文水平呢？

孔庆东

这是一个普遍存在的"作文难"问题。

首先战略上不要急躁，要知道世界上大多数人都是不善于写作、不喜欢写作的，一点也不耽误他们的人生成就。

其次说说战术，第一，我不主张孩子用电脑写作，最好手写，写完了录入电脑即可。第二，如果手写也困难，您的孩子不是说话没问题吗？那就让他练习口头"说文"，哇哇哇一通胡说，然后写下来，按照"录音稿"进行修改整理。说习惯了，也就拿笔能写了。这招对很多孩子还是挺有效的。

[■?■] 孔和尚的写作秘籍

⊙ 云无所图

孔老师，您好，以前看到你说叫小孩每天坚持写100个字的小练笔，就可以提高作文水平。我家孩子照做了两个月了，觉得作文水平比以前是有所提高，至少记叙文是不成问题了。可是他现在上高一了，写起议论文来还是觉得很吃力，写出来的作文自己看了都觉得没有说服力。除了坚持练笔以外，还要加强哪方面的训练呢？

孔庆东

好，这是一个递进逻辑的问题。既然孩子通过小练习，已经提高了记叙文的写作能力，那就证明，这种小练习，是行之有效的。而记叙文是一切文体的基础，能够写好记叙文，就要相信，自己也能够写好其他任何文。

现在要提高议论文写作能力，首先，还是要坚持自己的经验，坚持进行小练习。其次，这种练习可以逐渐加强针对性，比如，进行一个礼拜的一事一议，再进行一个礼拜的多事一议，再进行一个礼拜的一事多议。比如，用一个月练习开头，再用一个月练习结尾。几个月过去，就很熟练了。

当然，就作文练作文，还是不够的。

要认真学好马列主义毛泽东思想，学好马列毛，作文如吃桃。建议通读毛泽东选集。孔老师的写作，从来没有任何人指导，也没有看过任何一本写作指导书。自从小学时代读过毛选后，就一路无敌，越写越顺，等到后来又读了点鲁迅，就写什么都摧枯拉朽了。

[?] 戴着脚镣跳芭蕾

⊙ 老郑看新闻联播

孔教授，您当了三年中学语文老师。非常希望能在网上看到您讲高中语文课的视频，比如您首师大附中的第一堂课《鸿门宴》，小平同志的《实事求是》，夏衍的《包身工》，鲁迅的《孔乙己》《阿Q正传》《狂人日记》，毛主席的《为人民服务》《沁园春·雪》《沁园春·长沙》。我女儿今年高二，非常喜欢读书（理科生），尤其是俄罗斯文学，每天写日记（坚持了四年多），可是作文总得不了高分。您能否指点一二？

孔庆东

啊哈，咱俩想的一样，我也非常希望能够看到那些视频啊。可惜只能到四维空间去看了，因为二十多年前，俺上语文课的时候，还不时兴录制视频呢。

不过，我关于鲁迅和毛主席的一些文章的讲座，似乎是有视频或者音频的，将来会有机会看到。讲《为人民服务》的视频，听说网上可以窥到的。

我讲俄罗斯文学的几个节目，在优酷和腾讯好像可以看到，有空赶快看，他们动不动就给删了。

至于作文得不了高分，我看不是水平问题，而是孩子还没有摸清应试作文的路子。应试作文实际上是一种"做题"，相当于体操中的"规定动作"，不能随意写的。

你告诉孩子，现在需要练习"戴着脚镣跳芭蕾"，练好了，将来抛掉脚镣，舞姿才能真正优美。

其实内功充实了，外在的花架子相对容易。按照老师指点的路子，练个十来篇，路子就熟了。凭着孔老师三年中学语文教师的经历，俺觉得，只要语文基础比较好，再潜心熟悉应试的套路，到了高三的冬天，作文就会稳上一层楼啦。

[❓] 你想知道提升写作能力的诀窍吗？

⊙ 闷声先森

　　孔老师好！请教一个机关人员提高文字表达能力的问题。常听人说要想文笔好，要多写多改。但就是不知道如何入手。具体到一篇优秀的文字，怎么学习？感觉千头万绪，无从下手。请老师费神讲得细一点（这次只敢提一个问题）。目前的情况是平时主要干业务，写的和需要写的东西也少。如果调整到对文字要求较高的部门，恐不能胜任。望老师提点一下，可以在相对短时间内有相对大的提高，可以吃苦。问题总结：如何短时间提高机关公务员的文笔？

 孔庆东

　　首先，你的态度很好，很诚恳，也很认真。
　　但是，你提的是一个不可能解决的问题。
　　就是说，短时间提高机关公务员的文笔，这是不可能的。
　　急来抱佛脚的事情，不是不可以做，我也可以指导高考前的学生短时间争取提高几分。但是，皆非根本之计。
　　从你的提问可以看出，你缺乏耐心学习的勇气，总想找诀窍。你这样的人，最容易被那些补习班啊、大师啊，给换着花样欺骗。

其实唯一的办法你已经知道，就是多写多改。

至于你问如何入手，这个答案你也知道，那就是千头万绪，怎么入手都有道理。

我建议你找找我的《摸不着门》看看，另外还可以看看我讲的《为人民服务》。虽然不能让你看完就提升水平，但总会对你有所帮助。

练好基础，切忌躁进！

[❓] 文学创作不必请人指点

⊙ **南来鞑靼**

晚生将近而立，志于文学不过十五。今饥肠渐腴，衣食稍安，欲以暇时更为写作。然牛刀茫然试之何处，文字不知投往孰方。又兼渺渺之身，未有自知之明，是以提问老师，发表小说之途径与方法。另欲献丑孔门之前，请老师不吝赐教，指点一篇拙作，晚生不胜受恩感激。

孔庆东

鞑靼同学你好！

看你的提问，知道你喜爱文学创作，现在物质生活稍安，想写小说，求人指点。而且看你努力使用文言，我这里给你提示一二。

第一，你的文言多处不通，属于硬憋的。建议你放弃这种说话方式，从平平常常说话入手，否则将离文学越来越远。

第二，文学创作需要长期积累练习，尤其需要切断与名利之联系，你可能已经有心理准备。贵在多写多练，而且要存一点游戏心态，不以发表为目标。

第三，文学青年成千上万，各处投稿、求人指点，基本上没有什么用。我数十年来，收到的习作稿，可以堆成一座山，没有一个作者能够成为作家的。而那些成为作家的，没有一个这样做的。

第四，当今网络发达，个人即可建立传播平台。我建议你将创作放到网上，**接受大众拣选，这才是真的试金石也。**

[?] 老王终于出场了

⊙ 哭完水

知道您是最牛的语文专家，就问您一句话：写高考作文，要想获得满分，有没有最佳范文可以参考？

 孔庆东

不是俺王嫂卖瓜，你可以找一套《孔庆东文集》翻翻。

凡是六七百字到一千来字的文章，几乎都可以说是最佳范文。

孔和尚佩服的文章大家不少，但说到对付当今的高考作文，就是孔夫子加鲁迅再加上二十八画生，也比不上孔和尚哉。

[■?■] 多用点修辞手法

⊙ 晓晓的我呀

尊敬的孔老师您好！小孩 6 月要高考了，语文老师要求孩子议论文要写出新意，加点文采，孩子如何能做到呢？这三个月该如何加把劲？谢谢您了，亲爱的老师！

孔庆东

老师的建议应该是具有针对性的，估计孩子的写作，让老师感觉平庸无奇。但是让一个中学生硬要写出新意，很难，不可勉强。倒是注意增加文采，是能够做到的。可以多使用成语、古语，多用点修辞手法。每周自己写三个开头三个结尾，一定有效。

五十五岁**花满天**

第四章
你能打灭
几盏灯

[?] 这是第一个 150 元提问的

⊙ 月夜 1307

孔老师，请教关于小孩阅读的问题。孩子现在读三年级，很喜欢看书。您的作品哪些适合他们阅读呢？网上也搜索了一些推荐书目，但难以取舍。请您给一些建议或者指一个方向，怎样引导孩子更好地阅读，谢谢！

孔庆东

月夜朋友所提的，是家长们经常问我的问题。首先，年级不能准确说明阅读需求，因为个体差异很大。三年级也许比六年级还喜欢读书，也许跟一年级没什么差别。

一般说来，十岁左右的孩子，可以读简单的小说了，稍微难一点也有好处，可以起个引导作用。《水浒传》《三国演义》之类的就很好，大仲马、狄更斯的作品也不错。

诗词也要背个几十首，荷马史诗也可以读一读。

至于孔老师的书，胡乱翻翻，喜欢哪篇读哪篇，主要是**熏陶点人间正气，培养点语言智慧，见识点天高地阔而已**。

最后提醒一点，不要光读文科书，自然科学的书，这个年纪阅读，也是黄金季节也。

[📻?] 书目就是药方

⊙ 炊烟袅袅夜深沉

孔老师，您好！我的女儿今年 8 岁，上二年级。之前读了大量的绘本、中国神话之类的书，国学涉猎较少，爱好读书，有较好的阅读习惯。我想：她这个年纪，不但应该多读书，更应该读好书。烦请孔老师推荐一些适合她这个年龄的高质量的书目。谢谢您！

孔庆东

根据你女儿的情况，二三年级的女生，爱读书，又已经读过那些书，现在可以读希腊神话、伊索寓言、《论语》《千家诗》《隋唐演义》。也可以调整为相近书目。

这个组合，好比一个药方，每一味药看似普通，配伍起来，却深藏奥妙也。

[■?■] 到底左手好还是右手好哇?

⊙ yaoweirenminfuwu

孔老师好！我女儿 29 个月，做什么事都喜欢用左手，也经常用左手拿笔写写画画，家里人经常纠正却没多大效果，想问一下该如何纠正她用左手握笔的习惯呢？

 孔庆东

第一，该纠正还是继续纠正。

第二，咱们说纠正，并不意味着孩子就一定不对，咱们只是希望孩子跟多数人一样，使得孩子将来不要因为这件事被人们议论。

第三，如果纠正不过来，那也要高高兴兴接受现实，那说明孩子确实左手更强，那就尊重孩子，说不定这正是孩子能够成才的一个标志。

第四，人生的大部分活动，使用左手右手的差别不大。只有文字，是为右手书写而发明的，所以还是希望孩子学会右手写字。

第五，左撇子右撇子都是平等的，无所谓优势劣势。

真正厉害的人，是在一切活动上都能够左右开弓。最高境界乃是左右互搏也。

[?] 孩子就是小人

⊙ 蓝天白云 51001

　　孔老师好！最近我那"00后"的外孙迷上了听杨红樱、郑渊洁作品的有声少儿故事，什么马小跳啊，什么舒克、贝塔啊。我曾给他读《铁道游击队》的故事，也曾让他看电影视频《闪闪的红星》，似乎都不能吸引他。我想，是否因为这些红色作品离这一代孩子的生活太远？因此想请教孔老师，您对马小跳之类作品如何看待？我们该如何引导孩子逐渐走上热爱文学之路？

孔庆东

　　杨红樱和郑渊洁都是著名的儿童文学作家，他们的大部分作品，少年儿童是可以看的。孩子应该接触各种各样的文艺作品，当然，需要有成人的负责任的指导。

　　说到距离生活的远近问题，其实对孩子来说，没有多大区别。因为孩子还没有建立主体生活，美人鱼和孙悟空，距离是一样的。

　　我们小时候也生活在和平幸福的环境里，但是很喜欢战争作品。现在的孩子也应该没有这个"代沟"。代沟是长大了之后才有的。对某类作品有没有兴趣，可能一是性格问题，二是有没有交流环境。

　　比如您让孩子读的作品，他读了之后，去跟谁交流呢？

　　还有，您说他现在是"听"故事，而不是读。这就又跟传播方式有关系。如果给他看点视频，可能效果就又会不同了吧。

　　再有，对孩子不能先摆出"教育"的姿态。孩子是动物，是

"小人"，不能接受"教育"。儒家说小人喻以利，要让他觉得好玩有用，他才会打开心灵去接受也。

[?] 你能打灭几盏灯？

⊙ 湘江东爸

孔老师，谢谢您的耐心解答。我是两个孩子的父亲，大的四岁，小的五个月，这里还有一个教育问题想请教您。《平凡的世界》一书反映了七十年代的中学教育，同我的学生时代完全不一样，耳目一新，不过路遥的评价不高，"但这个年代的高中极不正规，学习成了一种可有可无的东西，整天闹闹哄哄地搞各种社会活动"。也许路遥的观点有一定道理，但是现在又走到了另一个极端，过分重视"学习"。现在有一句响亮的口号，"不要让孩子输在起跑线上"，实际上把高考当成了孩子的终点线，以分数为中心，一切服务于分数！我认为已经有点过火了。

现在的小孩，也许有很多优点，但自理能力差，吃不得苦，霸不得蛮。六七十年代培养出来的人，让中国经济实现了腾飞。现在这批小孩一定能比前人强吗？我认为以前的教育，有很多合理之处值得借鉴。在带崽的实践中，强调让小孩自尊、自立、自理、自控，要求大崽做力所能及的劳动。在学习方面，我们两口子认为要以身作则，在生完小孩后，我们俩比以前更加热爱学习了。此外，我们认为学习不要强求，愿意接受孩子成绩一般，认为只要勤劳，有责任感，也能成为一个有用的人。我们家的教育理念和现在的主流不太一样，有时觉得孤独，有种"人在江湖，身不由己"的感觉。我们也不想跟潮流顶着干，送小孩参加了一个乐高的培训班。孔老师，您能不能给我们家指点一下迷津，坚持还是妥协，或者部分坚持部分妥协？

孔庆东

路遥的强项是文学描写，他对历史的评判不必在意。

历史已经证明，毛泽东时代的教育，是人类文明长河中最成功的素质教育，德智体美劳全面发展，学以致用，人人成才，六亿神州尽舜尧。

而这几十年来的教育，不说完全失败，也是百病丛生，教出了成千上万的窝囊废、二流子、精神病、白眼狼……，虽然数量上不占大多数，但已经成为中华民族严重的隐患。

你们两口子的教育理念，孔和尚完全赞同。你如果多看一些我的有关教育的文章，就会发现，咱们想的基本一致。

对待孩子，可以外圆内方。对外，不必故意与体制作对，而是了解体制，适应体制。体制所要求的花拳绣腿，咱们也会，但是不拿那些当真。

当真的是要在自己的世界里，磨练真本事。必须从扫地擦桌、洗衣做饭开始教育孩子。

当然，家庭教育跟学校教育也不是完全对立的，要相信学校教育也有其合理的正当的内容，那时候就要支持。

最高的境界是打通内外，游刃有余。如果不能做到，就以学会真本事为主。当主流浑浊的时候，孤独恰恰是一种光荣，孤独才证明了咱们是杨子荣。

杨子荣的厉害，是他一枪，就打灭了两盏油灯！

[?] 儿童教育不能揠苗助长

⊙ 小散崔洪波

　　孔老师您好！我闺女快到四岁了，打算四岁开始着手填鸭式教育，从《诗经》、唐诗宋词开始背记，请问这么做好不好？又或者从《论语》《中庸》《大学》《三字经》之类开始背记？还是怎么办？

孔庆东

　　你打算对孩子进行系统的经典教育，我很赞成。
　　但是孩子太小，不建议按照文学史的顺序进行教育。
　　最好还是考虑孩子的智力发展阶段，兼顾经典的历史价值进行教育。
　　所以我建议先背诵一些简单的唐诗，然后是《三字经》，然后是《论语》。上学之前背了这些就可以了。不要揠苗助长。
　　等上学之后，再看孩子的发展情况，决定下一步的学习内容。
　　而按照文学史、文化史的顺序进行教育，是中学以后才需要考虑的。
　　祝您的孩子健康成长！

[?] 要遭罪，就快乐教育吧

⊙ 糖拌_西红柿

　　孔老师，您好！我想向您请教一些关于儿童教育的问题，同时想请孔老师看下孩子的命理。

　　我儿子出生于阳历 2012 年 9 月 24 日 17 时 25 分，现在上幼儿园中班。这个学期幼儿园秉承"快乐教育"的宗旨，开设了英语兴趣班。美其名曰"语言游戏"。其实对这个班我心里是拒绝的。首先我觉得这个名字就怪怪的，用语言两个字隐藏英语，有点闪闪烁烁的味道。但是全班小朋友都报名，我也给孩子报了。据我观察，孩子"游戏"的效果并不好。回家问他学到了什么，每次都是"忘记了，没记清"。老师也反映，孩子听课不认真，不投入，和小朋友聊天。公开课上，我看见别的小朋友都很认真，都很投入，而且真的很快乐的样子。但是他并不是什么课都不认真。他喜欢下围棋，在围棋教室就可以很认真地听讲，认真地下棋，而且也很快乐。

　　孔老师，我现在担心他以后把"语言游戏"的态度，带到其他课上，没有兴趣的就不认真学。您说我该怎么办？另外现在各个小学都标榜"快乐教育"，但是孩子真的可以一直快乐下去么？课上老师讲得敷衍，课后没有作业，考试没有试卷，在本应打实基础的小学阶段，很多老师甚至把拼音这类的基础知识甩给家长，家长反客为主，晚上当起了各科老师，但是学校不正是教育孩子的地方吗？现在我觉得，教育机构提供的这些"产品"，并不怎么样，但是孩子要上学，就必须接受这些"产品"。我希望他学好，但又觉得某些东西不那么好，同时我又怕他学不好那些好的东西。就像那天老师分享了一个专家谈如何教育孩子的视频，点开才发现，这专家不就是那个"钢琴杀人法"的发明者 LMJ 女士吗。当时我真是心里五味杂陈啊。我该怎么教育孩子？是谁在教育我的孩子啊？！

孔庆东

贵子生于壬辰年己酉月戊子日辛酉时，天秤座的龙，遇到鸡和鼠，五行不均，多金土，少木火，可能对静态学习的兴趣不高，更喜欢具有挑战性的事物。另外需要注意饮食平衡，不要养成挑食的习惯，对身体发育不利。

大家都知道教育出了大问题，以快乐和爱心的名义，把教育变成了糊弄。**世界上没有任何真本事，是"快乐"教育出来的，而且这样的教育最终也不会快乐。**

大环境我们改变不了，那就只有自己多操心了。可喜的是孩子喜欢围棋，围棋连接着多学科，连接着知识和智慧，也连接着人品。所以要支持孩子下好围棋，以此为基点，告诉他学好语文、数学等知识的重要性。

当其他的孩子都陷入快乐教育的汪洋大海的时候，这对我们自己的孩子其实也是好事。我们的孩子只要稍微刻苦一点，稍微奋斗一点，就可以出人头地，那时候谁快乐谁遭罪，就看得清清楚楚啦。

[?] 孩子没有必要学习好！

⊙ 易良姮

孔老师，您好！向您请教小孩学习的问题：家有一男孩2008年3月29号9:18出生，在武汉读小学四年级，孩子每天的家庭作业特别多，光语文和数学就写到22点左右了，孩子回家吃完晚饭就在书桌前开始写，当然他的性子比较慢，到21点左右开始揉眼睛，红眼，说眼睛不舒服，写完了还得拍照发老师检查，写完作业上床睡觉都 22:30 了，第二天早上 7 点起床说想吐。在 1 至 3 年级时，我还让他睡觉前读 10 分钟的《增广贤文》等国学书，现在是连读写英语的时间都没有，这样下去对孩子的身心都是一种折磨，做家长的我都快被折腾得方寸大乱了，哪里还谈得上宁静致远，看自己想看的书。在现阶段的教育体制下，家长该如何做到让孩子身心和学习健康平衡发展呢？

孔庆东

您家小孩生于戊子年乙卯月戊辰日丙辰时，老鼠生于孟春之晨，是个起早贪黑的命。他五行缺金而多土，缺乏攻城拔地精神，只能依靠慢慢积累，逐步改善自己的命运。

孩子们的学习，肯定有聪明勤奋的，有愚拙落后的，落到谁的头上，都是合理的。不必把学校的学习看得太重要，应该按照毛主席讲的，把身体好放在第一位。我小学时代那些学习不好的同学，现在都生活得很好，老师当年那些吓唬之词，今天回忆起来都很好玩了。

所以我建议，不要再给孩子压力，咱已经努力了，就这样即可。保证身体健康第一，其次还要于学习之外有些其他的活动和娱乐。而学习本身，可以想些办法提高效率，实在提高不了也就接受现状。也许等孩子上了中学，忽然就变成学习尖子了呢。

不过根据孩子的命理，那样的可能性并不很大，所以咱还是坚持老老实实做人，不积跬步无以至千里，做到啥样是啥样，不高攀不奢求，也许最后走得最好的，还就是咱呢。

[■?■] 不打孩子，不如畜生

⊙ 湘江东爸

孔老师，想问您一个教育小孩的问题。现在，流行一个观点，"打小孩是不对的"。畅销书《好妈妈胜过好老师》里，还痛斥打孩子的父母为"穿西装的野蛮人"。相反，在湖南，有一句老话，"棍棒底下出孝子"。我调查过周边的人，百分之百挨过打，没有一个人记恨父母，但现在大多不愿体罚自己的孩子了。个人认为，体罚不能多，但绝不能没有！社会上，有教育部门，教化人，有宣传部门，引导人，有群众团体，表彰人。与此对应，有公安局、监察委、检察院、法院、监狱，有奖有罚，社会才能正常运转。一个家庭，也是个小社会，光有奖没有罚怎么行。体罚作为一个威慑措施，像核武器一样，不能滥用，但决不能没有。孔老师，您是过来人，您怎么看这个问题？

孔庆东

你的教育观，跟一个叫孔和尚的人，颇为相似。我一般遇到难解的问题时，也是去请教请教他，往往就豁然开朗啦。

人是高级动物，再高级也是动物。怎样教育孩子，我们可以看看其他的动物，基本上都是惩戒为主。

所谓文明，就是一大堆各种禁忌。违反了禁忌怎么办？打！通过打，使被打者懂得了规矩，融入了集体，保护了自己，提升了素质。所以打就是爱。

你看，豺狼虎豹，是怎么教育孩子的？小猫小狗，是怎么教育孩子的？是表扬？是夸赞？是奖励食物吗？No！小老虎跑到悬崖边上，大老虎一巴掌给它扇回来。

但是现在的人头脑混乱，你说打孩子是教育孩子的一种方法，他就认为你在宣扬随便殴打孩子，他就认为你以打作为教育的唯一方法。这些人自己就是"欠揍"的。

不过你的叙述中，也有一个小问题。父母打一打不听话的孩子，不是为了让孩子孝顺自己，而是为了孩子自己的安全和成长。打也要掌握一些原则，要确定是孩子有错，要保证不能打坏，要尽量讲清道理。

那些污蔑打孩子是野蛮人的人，其实他们的目的不是为了孩子好，而是为了显示自己是"文明人"，他们不知道帝国主义的"文明棍"，恰恰是配合着西装用来打人的。也就是说，他们其实心里没有孩子的未来，他们真正关心的是自己的形象，他们是讨好孩子、迎合世俗的自私自利的人，用他们自己的话说，正是"穿西装的野蛮人"。

而用孔和尚充满智慧的佛偈来说：不打孩子的人，还不如畜生！

[?] 怎样对付"青春期"？

⊙ 葳加

这次想跟孔老师讨教讨教关于青春期的问题。孔子说自己十五志于学；鲁迅十几岁家逢变故，使他看到了世人的真面目；毛主席十几岁外出求学写下"学不成名誓不还"的诗句；还有孔老师您也在十几岁时候就有了辉煌经历。圣人们在青春期奠定了他们人生的底色，可见这个时期的确是人的成长关键期。

可自从有了明确的"青春期"这个名词以后，这个年龄段却在家长的心目中有被妖魔化之嫌。在这样的氛围下，我也不能免俗，很关心甚至挺紧张这个事。我家老大快11岁了，按现在有些人的说法是"前青春期"了。一些过来的家长聊这个话题，都不约而同地告诉我，家里之前管束不那么严或者比较淘气的孩子，青春期反而过渡得比较顺利；而以前表现比较乖的孩子，青春期却更让家长头疼。这样我真有点焦虑了，因为我感觉自己在孩子一些方面的管理，比如身体健康、品德品行上算挺严格的，而我儿子也一直算是比较听话的孩子，不知他青春期会有什么动静呢？就算熬过了儿子的青春期，还有老二女儿的在等着我。所以还请孔老师不吝赐教，我跟孩儿他爸该如何兵来将挡水来土掩呢？

孔庆东

　　人的一生分为若干阶段，每个阶段分别取个名，这是为了方便研究，并非真的客观存在这些阶段。根据需要，可以有很多划分方法，也可以另外取很多名。

　　好比黄河，分什么上游、中游、下游，分界线在什么地方？黄河郑州段，跟陇海线郑州段是什么关系？这都是为了便于交流而人为设定的，有没有这些设定，黄河都一样流，火车都一样开，孩子都一样长大。

　　叔梁纥、周伯宜、毛顺生三位老先生，都不懂什么叫青春期，但他们的儿子，都成了圣人。回过头去看，那几位圣人的所谓青春期，过得也并不"科学"。

　　孔仲尼混在出殡队伍里，给人家吹喇叭。周豫才隔三差五到当铺去，变卖家私。毛润之大雨天光着膀子，跑到山上大喊大叫。要是放到现如今，这是典型的家教失败的案例也。

所以，对青春期这事儿，战略上绝对必须藐视，春来草自青，爱咋地咋地！孩子乖，咱欣慰；孩子野，咱高兴！你听说过有谁度不过去青春期的吗？

具体来说，孩子青春期如果跟父母关系很好，跟外界交流和谐，那就一切 OK，不必杞人忧孩啊。如果孩子跟父母作对，在外面惹事生非，那就正好合乎"科学规律"，不然人家科学家为什么要发明一个"青春期"啊？

那么父母应该做点什么呢？孩子一天天长大了，除了照顾吃穿、辅导学习之外，最重要的是要教给他们多干点活，多办点事。咱不帮人家吹喇叭了，但是能不能学雷锋做好事当当志愿者啊？咱不去当铺变卖家产了，但是能不能做点小生意，想办法把自己多余的东西卖出去啊？咱不用跑到山上大喊大叫了，但是今天北京雪后降温了，你敢不敢光膀子在小区里一边唱歌一边跑三分钟啊？

一个人能够有这样的"青春期"，那么他的整个一生，都是青春！

[❓] 高考有啥了不起？

⊙ **龙城飞将** _

老师好！有个问题向您求助。俺外甥女：陈帆，2000 年 1 月 10 日生（己卯年腊月初四），马上就要参加高考了。平时学习认真自觉，从小学到高中都很省心，现在在我们这儿重点高中的重点班，成绩一直在班里名列前茅，前不久模拟考试排全校一百多名，按这个成绩应该可以上 985 了。只是她在中招考试的时候，有过发挥失常的经历，虽然最后如愿去了重点高中，终究心里还是有阴影，家长也不太放心，平时也不大敢提考试的事情。请教孔老师家长该怎么做，孩子应当注意什么，以及如何选报志愿？请老师指点一二，再次谢谢老师！顺颂教祺！

孔庆东

兔子尾巴确实有这个毛病，我的母亲就是兔子尾巴，做事情常常一路顺风，最后打个折扣。而且别人越提醒，她老人家就越紧张。

不过有一个好处是，他们一般不会在一个问题上重复犯错误。他们能够纠正上次的同类错误，而到另外一个领域去犯错。我母亲如果哪次把饼烙糊后，两三个月之内烙的饼都很好吃，但是她会有一天，做的最后一道菜忘了放盐。

所以最后这几十天里，亲人之间不必刻意回避高考问题，**该谈的就谈，关键是态度要轻松，家里多增加一点幽默气氛。**还可以多展望展望未来，吹吹牛，许许愿，嘱咐孩子将来飞黄腾达了，可别忘了你大姑、你二舅、你三姨、你四叔，还有你五表哥啊！

[?] 人民研究生，也要先高考

⊙ **孔斯坦丁诺夫**

孔老师，女儿高二报了您的研究生以来，去年进入高三，学业重，暂时停下了。这不快高考了，今天她给我打电话，突然哭着说压力太大，感觉太累。我脾气不好，不会说肉麻的安慰话，又批了她一顿。这段时间我该怎么去教育她呢？还有她说孔老师的作业特别难写，怕见您，怕写不好也不知说什么。我也顺便替她问问您吧。孔老师辛苦了！

孔庆东

我的人民研究生，是培养和锻炼真才实学的，不受时间和考试那些形式主义的约束，因此可缓缓学之，不拘一时。

学习上、生活上有急事，就该先予应对。比如高考，是当前头等大事，全力以赴，必须的。也可以将复习和准备高考的某些作业，发给我看，二者结合，两全其美。

至于学校里的压力，全国都一样，孩子向你倾诉一番，也在情理之中。**这个压力，对孩子的一生是有好处的。**一味批评和完全呵护恐怕都不妥，最好是表示理解之后的勉励。

要把高考当作一项有难度的挑战游戏去看，大不了就是不上某几所破大学呗！

相信自己的实力，不一定非要绽放于高考那两天，而是像孔老师一样，在一生之中，随时随地，都能拿出来结善缘，广布施，得喜乐，惠万众也。

[?] 大学就是幼稚园

⊙ 鸵鸟正当年

孔老师，您好！粉您多年了。犹豫很久还是鼓足勇气点进来了。我女儿1996年农历2月30日早7点10分出生，现在在上大学。虽然孩子长大了，作为家长，总觉得她有与年龄不相符的幼稚，也不能对自己孩子的优缺点有客观的认识。不知道她的哪些缺点是固有的，哪些优点是没发挥出来的，对她的人生道路很忧虑。想让您帮我的女儿看一下，她的命理如何，她应该注意哪些方面，可能避免人生重大挫折、失误呢？如获指点，不胜感谢！

孔庆东

首先呢，提醒您一下，以后不要公历农历混在一起说，按照农历，哪里来的1996年2月30日呢？哪里来的7点10分呢？而且这样容易搞乱，直接说公历，清清楚楚。

令爱生于丙子年壬辰月甲申日戊辰时，谷雨之鼠，五行不缺，土稍多，命相很不错。她做事大胆而谨慎，拥有好奇心但是不会胡来，富于热情但是逻辑不乱，也不会把公历农历混在一起说。在人生的大格局上，是可以让人放心的。

俗话说，关心则乱。作为家长，总会觉得孩子幼稚，这没什么奇怪的。不幼稚就不是孩子了，何况大人未必就不幼稚。

再说他们这一代孩子，遭受的就是幼稚教育，所谓大学，也往往就是"高等幼稚园"的雅称而已。我们北大的学生，也有出了校园就迷路的，也有去医院打针吓得哇哇大哭的。这都不需要咱们大人操心，笑看他们遭点罪、出点洋相，对他们有好处，让咱们也开心。何必杞人忧孩呢！

你在后面给孩子充分的物质和精神支援，就够了。

鸵鸟虽然跑得快而有力，但不要藐视尚未长大的山鹰哦。

[?] 严控子女之爱，基本属于变态

⊙ 踏踏实实燃烧的火柴

孔老师，您好！看了一百多条免费的问答，终于攒够了钱，便来打扰您了……最近十分纠结于和父母的关系处理。我是来自黑龙江的一孩，因为独子，家里对我尤为宠溺，我也发现这些年遇到的东北男孩越来越女性化，或许是东北封建思想加上一孩造成的结果吧……上大学之前爸妈告诉我除了学习，什么家务也不需要我干，去哪里都得电话时刻连线。如今异地求学，却感觉这种宠溺变本加厉，他们甚至观察微信步数来推测我去哪儿。放假在家也经常聊的意见不和，我认为读孔老师的书收获大，他们认为成绩好赚钱多才是正确的，其余都扯淡。可能自己的杀父期有点长，对父母的态度总是不自觉地不耐烦，甚至不受控制去顶撞，感觉有些不孝。最近更是十分纠结于和父母的沟通。麻烦问问孔老师我该怎样纠正自己的心态以及让父母理解我？

孔庆东

小火柴同学你好！

你的问题具有一定的普遍性。一胎制，毁坏了亿万青少年的精神世界，这一点很多民众都已经认识到了。但是大多数人还没有意识到，一胎制毁的不仅是孩子，而且还有家长，亿万家长也因为只能生育一个小孩而发生了精神变态。你的父母就在其中也。

非常可喜的是，你自己认识到了问题的关键，这就等于问

题解决了一半。剩下的就是怎样去做了。

虽然父母的做法是错误的，但是毕竟出于爱心，你既然明白了，就不必再怨恨对立，而应耐心地给他们讲道理，讲怎样才是真正的爱孩子，怎样才不是打着关爱的幌子去满足自己的控制欲、占有欲。

希望孩子学习好、赚钱多，这是正常的私心，但是他们这样做，只能导致孩子学习差、赚钱少。让他们看看，哪个人因为读了孔老师的书而学习差和赚钱少了？多少亿万富翁排着队等待孔老师的指导呢！

这些道理，相信你都明白。但是你不要急于让父母一步认识到位。

你的孝心，应该体现在你的耐心之中。要忍受父母的苛责和误解，反复地、变换方式地申说和解释。而最有力的，还是你自己的出息。

你要摆脱那些宠溺的痕迹，在各个方面独立，让人放心，让父母骄傲，让大家看到你绝不是一个卖火柴的小女孩，那就一切都不用废话啦！

祝你成功！

[?] 看看孔和尚惊险的读书环境

⊙ 用户5882429645

孔老师，你好。我是一名高二学生，生于农历1999年九月二十八日，早上六点多。近两年，我做事非常不顺，身体也很差。从去年下半年，我的班主任就一直处处针对我，我身边的同学对我也不好，班上的整个氛围也不好，班上的同学都不团结，喜欢勾心斗角。我只希望我顺利地度过高中，考上大学，然后当个老师。因为这种情况，我无法安心读书，甚至想转班。希望老师你帮我算一下，我身边是不是有小人出现，我该怎么对待？有人说我的婚姻不顺，晚婚好些，是真的吗？我有一个没有在我身边的亲妹妹，我不知道她过得怎么样，她是农历2003年九月十七日，辰时的，我想明年去找她，能成功吗？我想当老师，但是我发现我们学校的老师人品都不怎么样，我怕我当老师不适应，望大师能指点一下迷津，谢谢。

孔庆东

小同学，你周岁刚刚18，刚刚上高二。我的年纪是你的三倍，在我这个岁数的伯伯眼中，你不过还是个"小屁孩"，你说你想什么将来的结婚问题和工作问题呢？那都操心得太早了啊！

你的八字是己卯年甲戌月辛酉日辛卯时，鸡兔同笼加个狗，考虑问题不大气，五行缺水火，金比较多，所以你跟环境容易产生矛盾。矛盾都是双方的事，你不能单方面指责别人，好像都是外界不好。

作为一个学生，你专心学习即可，不要找那么多客观理由。孔老师当年读初中时，上的是哈尔滨排名最后的一所学校，老师讲课时，外面的流氓从窗户跳进教室，跟班里的同学打架。在那样的环境中，孔和尚照样德智体全面发展，成为了全市的三好学生，而且考上了名震全国的哈三中。

所以我根据你的八字和陈述的情况，不建议你分心去想去做其他事情。你这两年，就安心学习，战胜环境——但不是要跟别人作对。

你想当老师，这非常好，跟我当年一样。这个不大理想的环境，正好可以提前锻炼你成为一名合格的老师。如果你现在的老师有缺点，你一方面要理解和宽容，另一方面正好当作一面镜子——咱将来不当这样的老师，这不就化消极因素为积极因素了吗？

收敛，踏实，对你来说，可能是获取成功的最佳途径也。

[❓] 你是个优秀的语文辅导师

⊙ 惟见古时丘

孔老师，你好。我最近给一个高三的小朋友（基础可能并不十分好）讲语文，而自己又实未受过专业的语文教学的训练，不免暗自惴惴，深恐以己昏昏，使人昭昭的嫌疑。姑举两例，希望孔老师对我的立论是否正确、方法是否妥当给与指导，谢谢。例一，我建议小朋友读一读《小二黑结婚》，希望通过讲解这篇文章让小朋友：一是知道现代白话文自有欧化以外的另一种风格，并希望其能够欣赏这种风格的好处，比如语言是自然的、活泼的、生活化的，句子是明快的、对仗的、能传神的，并形成一种快速的、亲切的散文节奏，希望其能够在一定程度上学习这样的语言风格，避免作文陷入那种装饰的、冗长的、滥情的、千人一面的语言风格；二是知道中学语文以模仿论为基础的逻辑，和"关注内容多于形式，关注社会意义多于审美效果，文学手法是为更好表现现实而服务的"的解释倾向，希望其能够站在现实—文学、内容—形式的高度去把握出题者、答题者、题目的逻辑；三是在此基础上可以讲一讲爱情主题在文学发展中的意义与作用，使其知道用联系的眼光看待作品、看待主题、看待意象。例二，我在教小朋友做阅读理解时，告诉其根据不同题目需求用不同方法分析文本的一些套路，其中一个较通用的：一、视角问题，谁看，看什么，怎么看；二、根据文本分析手法，根据手法分析效果，根据效果分析社会意义；三、从单独分析目标意象，到将意象置于句子中，分析与其他意象的关系并讲出最终结果。最终将三条不平行的线索综合成一个答案。文字较多，又无法分行，谨劳孔老师过目。

孔庆东

第一，你的网名不错，说明你具有较好的文史素养。

第二，你对语文的把握不错，能够三言五语抓住重点。

第三，你对所举的具体作品的分析也不错，看出你对文学史具有整体的思考，并能结合到语文教学中去。

第四，不要希望你的教学效果太好，因为高三已经晚了。就拿那些考上北大中文系的孩子来说吧，已经中毒十几年，很多错误观念根深蒂固，还不如教文盲更省事。好在他们智商比较高，总算可以挽回很多。

第五，沿着你正确的教学方向继续探索吧，你应该取得更丰富的经验和更大的收获。

第六，谢谢你让我增加了认识，让我知道社会上还有你这样的明智而清醒的语文辅导师。

张铁生不是浪子！

最近有一则关于安徽白卷考生徐孟南的新闻。他十年前高考时没有答题，而是在考卷上写满了"教育宣言"，据说他当年的行为是受到韩寒等人的影响，动机是对现行教育体制的诸多不满。他在落榜后吃了低学历的苦头，现在重新报名参加高考，媒体现在把他塑造成了浪子回头的形象。他的事让我想起了七十年代的白卷英雄张铁生先生，当然二者的动机不完全相同，时代背景也差异巨大。请教孔老师，怎么看待这两位的行为和际遇，以及这背后折射出的时代变迁？

孔庆东

你问题中的对比思考，很有意义。孔和尚不才，简略剖析一下。

当年张铁生并非是交了白卷，这是后来媒体的污蔑。我们分析历史上的人和事情，首先要看清楚我们信息的来源，看清楚材料的真假。

张铁生第一没有交白卷，而是认真地答了题。其次答题之后，他以对国家非常负责任的态度，写下了他对教育和考试问题的思考。这思考是严肃的，也是非常有水平和有代表性的，所以才引起党中央的高度重视，引发了举国上下对僵化的应试教育的反思。

后来历史发生了转折，张铁生竟然被抓进监狱。但是他出狱后，在市场经济的环境下，依然证明了自己的不凡能力。如

108

五十五岁 花满天

果像那些无良媒体所说的那样，一个白卷先生能够轻轻松松在改革开放时代成为腰缠万贯的企业家，那岂不是对改革开放的巨大污蔑吗？

看明白了张铁生，再对比你说的小徐，二者有相同有不同。不答题，而在试卷上乱写意见的考生，成千上万，我自己每年都遇到。

希望这位小徐不是只图发泄，而是多少能够像张铁生前辈一样，**用人生的实际成就来证明自己。**那才是对现行的不合理的教育体制的最有力的批判。

[❓] 三年不鸣

⊙ sific—花非花

孔老师，您好！做您的粉丝快十年了，光从您的微博上就学到了很多知识，感觉自己学识浅薄，从来只闷头学习领悟，不敢做声。和您有过有限的几次互动，每次都让我激动好长时间。今天想请您指点一下儿子高考的问题，儿子是省重点高中的文科生，高考后估分600左右，老师说这个成绩可能在全省五百名以内，儿子曾立志要当您的学生，这个成绩离他的志向很远了，所以他有些颓废。想请您在学校、专业、职业方面给予指点。儿子名叫王一鸣，1998年阴历八月十六日10点零6分生，性格温和，待人有礼，喜欢读书和思考，能为他人着想，缺点是有点懒散。麻烦您抽空指点，我们一家人不胜感激！

一鸣生于戊寅年辛酉月丙戌日癸巳时,五行均衡,缺乏特长,目前还看不出明显的发展方向。

高考成绩在全省前一千名,就是当今世界的优秀青年了,应该振奋,怎么还会颓废呢?这岂不是上了应试教育的当?

孔老师最好的学生,十八九岁的时候,都离孔老师很远呢,急什么呢。你知道三年不鸣的典故吧?那还担心什么一鸣呢?

建议报考一所历史悠久、综合性比较强的大学。不要考虑专业。本科生学什么专业是不太重要的,关键是学校要正经。

职业的问题更不要去想,三年以后,孩子心中自然就有了眉目啦。

[?] 怎样监督作文阅卷?

⊙ 哭完水

请问孔老师,高考作文阅卷,一分钟阅一份,能够保证准确吗?

孔庆东

这个问题很有代表性,可能是广大人民群众都关心的吧。

首先,你说的一分钟阅一份,可能不是一个准确的统计数字,大概的意思是说,阅卷者只用一两分钟评判一份作文,恐怕没有一字一句看得那么仔细,会不会判断错误?对吧。

那么,孔老师反问你,你认为,用多长时间评阅一份作文,才能保证准确呢？

打一个比方，姚明定点投篮，需要瞄准多长时间，可以保证百投百中？而孔老师需要多长时间，可以保证百投百中呢？

于是你就明白了，这其实不是一个时间问题。孔老师瞄准八小时，也可能百投百失。

当然，姚明也至少需要一秒钟的时间，才能保证极高的命中率。

作文不是文学创作，而是一种千篇一律的"习题"，专业人士经过培训后，可以迅速分清一个题目之下的各种写作档次，他的任务不是去赏析作文中的一字一句，而是归类、再归类，按照事先从大量样文评阅中概括出的评分细则，准确地将文章归入某个档次。

以孔老师当过语文老师的经验来说，两个班的一百多份作文，也就是两个多小时判完，而且孔老师还是特别勤奋的老师，我还要给学生写评语的。你算算一份作文需要多长时间？多数老师都是这样的，顶多比孔老师多用一倍的时间。

所以，那些用时长来质疑高考阅卷质量的，都是外行之言也。

那么高考阅卷就完全没有质量问题吗？当然不可能百分之百没有，但是那与时间无关。拿作文来说，有许多措施可以最大程度降低失误。一是双评，二是小组长检查，三是大组长抽查，四是高分和低分作文，还有领导小组的专家再次核查。

所以，我们关心和监督高考阅卷是完全应该的，但一定要抓住真正的问题。而时间恰恰不是真问题，而是外行忽悠群众的假问题也。

[?] 圆梦北大的机会

⊙ 古调诗心

孔老师，您好！我在一所普通本科院校的中文系毕业5年，现在是一名课外语文教师，喜欢阅读和写作。也许每个中文人，都有一个北大梦。有些情结会随着时间放下和变淡，有些却会一直存在，在心里搅动，不去触碰则无法心安。我准备考2018年北大的创意写作的研究生，为理想努力一次。请问老师能否给我一些指点？比如不可不读哪些书？

 孔庆东

你的诗心我非常理解。不了解北大的人也许觉得无所谓，但我几十年来看到过无数的朋友，他们感觉没有在北大听过课念过书，那是人生"永远的伤痛"。我为了缓解这些朋友的痛，经常故意黑北大，经常夸大北大的缺点，说什么"那个破北大，有啥好的呀！"

特别你是学中文的，这种心情我就更加理解了。我每年也要接触大量你这样的朋友通过各种途径给我传递的信息。

不过我还是要强调一句：**中文系不是搞文学创作的，正如数学系不是算账的，经济系不是做买卖的。不认识到这一点，你就会失望乃至痛苦。**

在我和其他一些老师的努力下，中文系现在也不歧视文学创作了，而且还开始招收创意写作研究生。但这是一个新专业，我们没有经验，老师同学都在摸索。因此你不要有任何虚妄的心理期待。

另外你也知道，报考北大中文系，其竞争之残酷激烈。由于名额有限，很多进入复试的很优秀的考生，都被无情淘汰了。初试排名第一第二第三的，都经常被淘汰。这很伤人自尊，老师们也于心不忍，但没有办法哟。

至于你问必读书，这正是北大中文系与众不同之处。我们基本上不规定考试必读书，因为有读书范围，就有人玩命读书应试。而我们最不喜欢死读书的考试机器。可是你读书比较少，信口开河，那是更考不上的。

所以这个问题就是这么纠结。一方面希望你博览群书，无所不知。另一方面，只要发现你在背书，老师们立刻在心里给你扣分。难啊。

不过也不要沮丧。我虽然说的有点唬人，但是我看每年考进来的那些学生，也没什么了不起的。这说明**每个诚实努力的人，应该还是都有机会的！**

第五章
孔和尚能做
党代表吗

[?] 择偶要务实

⊙ 武芮央 666

　　孔老师，我问一个在男多女少的现状下择偶的问题。在人口自然生产的情况下，男女人数均等，基本上是好男配好女，中男偶中女，可几十年来因为计划生育的缘故，导致现在适龄男青年比女青年多出几千万，在僧多粥少的情况下，不可避免地会出现好男配中女，中男配下女的情况，这对当事男很不公啊，孔老师（可见为政不可不慎）。再问个具体的。我今年34，家境一般，收入一般，去年冬认识一个39岁的高中老师，见面过后，她的以下几点让我很介意。一是衣着上、包包上有点邋遢，没有一位文化人应有的精致（孔老师您穿衣上虽然也不讲究，可你是男的，更重要的是，你举世无双，凭借肚中墨水足以睥睨天下，丝毫不用借助衣着之力）。二是比我大却不知道关心人。三是明年就40了，青春不在。四是近视900度，在生活上，照顾孩子上想必很是不便。优点当然也有。一是当年河南大学某专业（非英语）在她们省只两个名额，她勇夺其一，说明智商不错。二是她比较注重精神层面，不是物质女。她相貌一般，也不具风情，而我是一个挺多情的人，再加之前面所谓她的几点不足，一番考虑后，我决定放弃，不再联系了。我的所虑所决对吗，孔老师？希望能得到您的指点。

孔庆东

你问的其实是两个问题。

第一个属于忧国忧民的问题，大体有道理，略有些简单化。其实男多女少，还会产生一种结果，就是同龄女性不够，男性就向比自己低龄的女性求偶，寅吃卯粮，等待自然再次平衡。不过这是国家大事，咱不多论。

你的第二个问题，我同意你的决定。**不过你说的人家的那些细节，也不一定是缺点，只是不符合你的要求而已。既然没感觉，就不要勉强。**我建议你不要注重外在条件，以务实的眼光看待婚姻。很多学历低的，出身普通的女性，其实更有情调，更懂得爱护家庭，说不定还很有内秀。**务实的结果，可能连虚也得到了。**

［？］怎样找到那口子？

⊙小狸小豆和小二

孔老师，打扰您了！在这里我想问一个个人性格及与此相关的人际关系问题。先简单介绍一下自己的情况，90后，巨蟹女猴，北方人。一个一直困扰我的问题，就是我的内向又敏感的性格。在和别人相处的过程中，总觉得很多时候不那么自然。表面上我似乎很随和，可其实我又更喜欢独处。可没人跟我玩了，我又觉得孤独。有时候想主动一点，又顾虑太多或者嫌麻烦，就又一个人了。还有，我觉得我待人也不够真诚大方，很难和别人走近。所以，虽然好像朋友很多，但常常觉得孤单。以至于只好和三条小狗聊天解闷了……我觉得之所以我的人际关系不是那么好，很大一部分原因就在于我自己的性格问题。而且，这种性格也导致我还没有脱单。我这性格该怎么适当改改呢？这大概就是我的一点小烦恼吧，还请孔老师教导我如何处理好与他人的关系，如何交朋友。

孔庆东

我恰好看到了你的私信（我私信太多，多数都看不到），就知道了你的八字。壬申年丙午月癸亥日，夏至的猴子，五行多水缺土。

所以你这人吧，财源广，留不住钱；人缘广，留不住情！

你也很有自知之明，不怨天恨地，这就很好。

知道是自己的毛病，那就尽量克己复礼嘛。在我看来，你主要的努力方向就是"接地气"，要理解流俗，合于世俗，必要时也得庸俗。

所谓接地气，一句话就是要俗，要像毛主席一再号召的，与广大工农兵打成一片，人家能吃的咱就能吃，人家喜欢的咱也别老看不上。

这对你可能是有点难度的，也不急于一步达到。你可以先从饮食方面开始，能够跟很多人吃到一个桌子上，这就有戏啦。

吃饭，就是一口一口地适应，一口一口地喜欢嘛。你一口，我一口，吃着吃着，就找到你的那口子啦！

祝你成功！

[▆?] 怎样成为一个不坑爹的人？

⊙ 黑手高悬霸主鞭

孔老师，您好！大约十年前，当时我在念高中，读过您的一篇文章，名字是《父亲的胸怀》。而今，已到适婚年龄，想以一个成熟的心态去恋爱，去结婚，婚后至少也想做一名"不坑儿子的爹"。经自我评估，发现我喜欢的女孩子都很优秀，在没有做好当男朋友、丈夫、父亲的准备之前，首先我是难以追到人家的；其次，就算侥幸追到，也难以维系下去。因为觉得什么事似乎都不简单，恋爱、婚姻、当爹也是一样。这件事令我比较困扰，想请教孔老师年轻时，在成为一名"男朋友""丈夫"以及"父亲"的事上，是如何考虑的？另外，以您现在的眼光和经验，能否对我的困扰提出一些指导和意见？非常感谢。祝身体安康。

孔庆东

很多朋友提问时，自以为提的是非常个人化的问题，殊不知提的恰恰是千万人都想问的问题。你这个问题便是如此也。

你还年轻，读书也很少，所以一定不明白，你这种心理，心理学上叫做"自卑心理"。你不要以为这是一种什么病，千万不要让那些二悲心理医生坑你的钱。孔老师告诉你：人人皆有自卑心理。**衡量一个人到底是不是人，标准可能有多种，其中一个标准就是，看他有没有自卑心理。没有自卑心理的人，非人也。**

将近三十年前，孔老师写过一篇谈作家自卑心理的论文，在专业内部风靡一时。**自卑是正常的，能自卑才能进步。**当然自卑的原因和重点是不同的。我许多年前到一所很牛很牛的大学去讲座，看着台下闹闹哄哄牛气冲天的学生们，我第一句话就说："各位同学，你们考进这么一所糟糕的大学，居然连一点起码的自卑感都没有，你们还配听我的讲座吗？"台下静默了片刻，然后爆发出雷鸣般的掌声！

在恋爱问题上，谁不喜欢优秀的对象呢？你觉得你有点配不上的优秀的对象，她自己也同样有感觉配不上的对象——说不定就是你呢。

所以，这些胡思乱想都不必有，安心学习安心工作，把自己搞得强大了，追你的好姑娘有的是，想跟你说句话都得摇号呢！

孔和尚是从来不追别人的，但是我不反对你们去追。**能追就追，为什么非要保证成功才去追呢？**那人生还有什么意思？你看成千上万的好姑娘都追不到一个好和尚，这样的人生多有意思啊。

玩笑归于朴素，就是说你懂得自卑，这是正常的好事。**接下来就是踏实努力，面包会有的，孩子他妈，也会有的。自卑加奋斗，就会成为一个不坑爹的人也。**

[?] 摸摸毛，吓不着！

⊙ 扎实推进三

我是个单身屌丝。没能力，没实力，没人脉，怎么从正当渠道一年赚 50 万？想买房子要交首付款，要想找女朋友得先买房。

孔庆东

像你这样的单身毛毛很多，包括很多北大毕业的硕士博士。大多数人不可能近年通过正常渠道收入五十万，他们都不着急，你急什么呢？老天爷饿不死小屌毛，姑娘们如果无房不嫁，那她们都得守寡。你只要正直努力，一切都会轮到你的。摸摸毛，吓不着！

[?] 恋爱不是扯犊子！

⊙ 小女子姓不名才

孔老师，虽然俺觉得在这儿问您这个关于爱情的问题挺扯犊子的，但是只能在这儿。作为一个 30 来岁还未真正体验过真爱的离异带娃"女强人"，虽然曾经也单恋过，然而像是被上了诅咒一样，我爱上谁谁便不爱我，总是在错过，然后就破罐子破摔随便嫁了个人，想着能过日子就行，但是连过日子这么低微的要求也实现不了，就离了。我经历过天真烂漫的无知少女李莫愁状态，也经历过陷入爱恨失去理智的李莫愁状态，事实上内心理想的美好的自己应该是无怨无悔只付出不求回报的程灵素状态，但是做起来太难。很不幸的是，在空窗期几年后，又忽然觉到了心动的感觉，心动的对象竟然是多年来工作中朝夕相处的领导，说真的一直以来工作关系特别纯粹，领导赏识重用，我也埋头苦干，工作之外都没多说过一句话，如今工作调动，不在一起了，反而不知为何会心动。因为离婚了单身了？因为多年来在我生活工作的圈子里，比我优秀的男人实在是少之又少？说实话作为一个离异带娃"女强人"不敢面对这心动，曾经的失败经历也告诫自己不敢去面对这心动，因为我猜得到结局必定不如我所愿，吃过堑还不长智么？极力极力极力地想否定掉这感觉，但是很难。怎么办呢？求教孔情圣。

孔庆东

俺啥时候成了孔情圣啦？

好，不管好话赖话，好歹答复你几句金玉良话。

人如果知道人生的结局是死亡，还愿意不愿意投胎？

人如果知道你的子子孙孙最后也要死亡，你还愿意不愿意生孩子？

再美的身体也会衰老，再美的青春也会消逝，我们还要不要学习、锻炼、游玩、工作？

如果只想着结局，宇宙就不该存在了。

我们要革命，不是因为革命会胜利，而是因为革命人才是真正的人。

我们要恋爱，不是因为恋爱了就会有一个人陪你白头到老，而是因为一个正常人，不恋爱就等于白活。

当然恋爱也不能瞎恋，不能强买强卖耍流氓。但是既然你真的爱慕一个人，又觉得有点戏，也不违反道德，也不耽误对方的人生，那就可以试试啊。

如果不成功，无非就是被拒绝呗。有啥磨不开的呀？其实人家拒绝了你之后，心里也是挺甜蜜的，知道有个素质高的好人爱他，谁不乐意呀？俗话说：官不打送礼的。同理可证：人不烦表爱的。只要你的表达方式让人家宜于接受，就彼此都没什么损失啊。

离异带娃，未必就是弱项。没听赵本山小品里说嘛，有的男人，就喜欢这样的呢。

既然已经萌动了爱意，而且你都敢于来我这里扯犊子了，那么就不要继续装犊子，导致自个儿的一生完犊子。你年青又能干，岂能一辈子窝窝囊囊瘪犊子？大不了被那个损犊子一口拒绝滚犊子，反正他已经不是你领导了，骂他一句不识好歹的王八犊子！咱啥也不亏，回家哄娃护犊子呗！

[?] 何时结婚为好？

⊙ 蔡俊可 888

孔老师好！有个私人问题想请教您一下，关于婚期的选择。我父母希望我 2018 年春节前后结婚，他们在外地工作，只有春节前后才在老家，他们的亲戚朋友也都是，那时比较热闹，也不耽误工作。可是我女朋友希望春天或秋天结婚，天气比较好。他们都比较坚持，现在我好尴尬，该怎么居中调节呢？万望孔老师百忙之中抽空指教！感谢！

孔庆东

这是一种善与善的冲突，**每个人都想按照自己的意愿，把事情办得更有味道，更有情调。**你居中的立场是对的，不一定非要完全肯定一方否定另一方。

我建议你们今年秋天登记，然后在小范围的同事好友间庆祝一下。等春节跟父母亲戚团聚，再按照家乡风俗举行个隆重一些的婚礼。这样就可以两全其美，实现法律与风俗、传统与现代的完美统一了。

[?] 到底该不该要孩子？

⊙ 用户5883841777

孔老师，我不想要孩子。首先是因为过得舒服，觉得带孩子烦。然后总认为随着能源的枯竭，那么多人会有一场混乱，我的后代不一定能渡过那场混乱。就算渡过了，也是回到过去强权者机关算尽，弱势者苟且偷生的环境。但又觉得生孩子似乎是一种责任。困惑，求解。

孔庆东

没有特殊原因，就应该要孩子。对自己，对家族，对国家，对人类，这都是一份责任和担当，也是一种高尚的品德。

每个物种，都要努力发展自己，繁衍自己，这是天性。物竞天择，由老天爷去自然平衡。人类可以对生育进行适当的计划，但计划就应该是理性调控，而不是野蛮扼杀。万恶的一胎制，

是对中华民族的犯罪。

目前中国和许多国家都面临着人口结构恶化所造成的危机，需要每对育龄夫妇连生六个孩子才能挽救。但这又是实际上做不到的。所以，有能力有条件的家庭，能生一个是一个，责无旁贷也。

至于你的担心，杞人忧天也。照你的逻辑，咱中国人民，鸦片战争以后就不该生孩子啦，抗日战争以后就不该生孩子啦，你想想，那样的话，还有咱们的今天吗？

至于你自己过舒服了害怕带孩子烦，此乃无知短见也。须知烦恼即菩提，那些烦琐之事，比之所获喜乐和成就，十分之一也。有了孩子，人生便完整了，中年便充实了，老年便无忧了。

各种动物，都不因为人类统治了地球而灰心丧气不生孩子。那么，咱们人类作为统治者，怎能自灭勇气，不战而自宫呢？

说干就干，赶紧筹备吧。明年此时，希望听到你家娃儿，那元气充沛的哭声！

[?] 家庭妇女就不如朴槿惠吗？

⊙ 狂燥的沉默树

孔老师，您好！我想知道您对没有出去工作在家里照顾家庭和孩子的家庭妇女怎么看？因为好多人对她们有不好的看法，特别是职场女性。在家照顾孩子自己受到的教育就是浪费吗？就会被抛弃吗？就没有价值吗？……

孔庆东

这样的问题，首先要确定从哪个视角去看。

从整个人类历史的发展来看，目前我们仍然处于父系社会，不论男女平等唱得如何好听，实际上都是不平等的。

但是**整体上的男尊女卑，不等于每个男人都尊，每个女人都卑**。男人不觉悟不努力，也是大批大批的二悲四悲十六悲。女人觉悟了努力了，就可以超越那些男性八悲十六悲。

所以，女人的自我价值实现，关键不在于是否在外面工作，是否当家庭妇女。**要打破这种外在形式去看其本质**，即，你是否与你的丈夫构成一个经济感情联合体？他挣的钱，就等于你挣的，你做的饭，就等于他做的？彼此接受并承认恩惠，彼此保持并捍卫尊严。

如果是，一个人养活另一个，也堂堂正正。如果不是，你就是在外面当个年薪八百万的女总统，回家可以任意打骂老公，那也不过是一个生活的失败者而已。

[？] 和尚能做党代表吗？

⊙ 蓝天白云 51001

孔老师，提个轻松点的问题。有人说，家庭与事业不能兼顾。您长年奔波在外，领导会不会有意见？如果因此发生矛盾，您会怎样处理？

您的提问，**朴实无华中包含着很大的普世性**。但是准确的表达应该是：家庭与事业很难周全地兼顾。

也就是说，二者并非绝对不能兼顾。有些人就兼顾得很出色啊，外面贪了 27 个亿，家里养了 54 个妻。咱比不了啊。

但是俺举的这个例子显然是抬杠，不能说明问题。一般人还是要努力兼顾的，只是第一比较有难度，第二努了很大力，仍然难以做到周全。

那么孔和尚是怎么办的呢?

首先就要耍无赖，宣布俺是和尚，俺是出家人，本来就不会管家，谁要是可怜俺，非要把俺收留在家里，那俺只能半推半就，但家是肯定顾不好的。

其次，人家如果真的收留你了，那么你真的好意思不管不顾吗? 当然不能。人要一两次无赖并不难，难的是天天耍无赖，不耍有赖。

所以，在外面云游够了，第一还是要努力给家里化点缘。第二呢，回到家里，有什么铺床扫地的活，尽量干干。提篮小卖拾煤渣，担水劈柴也靠他,里里外外一把手,无赖和尚也爱家!

最后一条，你一个赖和尚，无论怎么爱岗敬业，领导可能还是不满意，挨打挨骂是免不了的。一定要皮糙肉厚，虚怀若谷。**能忍的要忍，不能忍的创造条件也要忍。**

雷刚唱的好："却原来，党代表，强咽深仇，任劳任怨，肩挑重担，品格崇高!"

咱们即使达不到党代表的境界，也首先要维持一个优秀和尚的境界。其实和尚的精神也是无私奉献，为家为国为天下，理路是一致的，里外并不矛盾。和尚做得非常出色了，不也就是党代表了吗？

[■?■] 赚钱与挣钱的不同

⊙ 雪山上灿烂的太阳

　　孔老师，有个问题我很好奇，您微博问答虽然赚得不算多也不算少，而且君子爱才也爱财，乃取之有道，但这些收入是会上交给夫人，还是存入个人的小金库呢？私下以为应该用来改善孔老师的伙食，那才大快朵颐，问答起来会更有滋有味，不知孔老师是怎么分配处理的？而且孔老师与夫人在一起幸福这么多年，还越来越幸福，有哪些秘诀可以传授呢？说出来定会让万千人受益匪浅，望孔老师不吝赐教，不胜感激。

孔庆东

　　首先你用错了一个概念，孔老师不是赚钱，而是挣钱。

　　投资之后获取利润，叫做赚钱，利润再少也是赚。而献出劳动力，包括智力和体力，收到一定的薪酬，叫做挣钱，挣得再多也是被剥削者，也是打工一族，或者叫无产阶级。

　　挣到的钱如何处置，各家有各家的规定。我们家这么高级的文明的家庭，当然一切都是孔和尚说了算。孔和尚乃忧国忧民之高僧，岂能在这种事上浪费脑筋，于是就都交给俺家领导去安排。当然领导也有偷懒的时候，非要给俺留下点请客吃饭的钱，俺也不太斤斤计较。

　　至于幸福不幸福，告诉你一个秘诀，那就是坚持四项基本原则。第一，坚持党的领导。第二，坚持公有制。第三，坚持社会主义道路。第四，坚持马列毛。

尽孝要从整体上考虑

⊙ 杜娟古筝

　　孔老师您好，有个问题一直很困惑我，让我左右为难，望孔老师可以指点一下：我是一名音乐教师，在北京工作，有自己的一个小的音乐工作室，不能赚大钱，但能够我自己一个人的生活，可以少量地拿点钱回去，虽然不多，但也有点。我妈妈是肝硬化晚期病人，在家里我是独生子女，我爸爸一直让我放弃北京的所有，回重庆老家陪着我妈妈，甚至不让我工作了！家里因我妈妈25年来长期生病，经济并不宽裕，如果我放弃现在的所有回去，我妈妈昂贵的医药费不够支撑，北京这边收取的学费也要退还给学员，费用也是很大一笔，目前我还无法拿出来退还，只能继续上课。我爸像疯了一样骂我说我大不孝，说要打断我腿。我目前的状况就是只要我妈妈一住院，我就马上回家，直奔医院照顾我妈妈，都一直住在医院，我妈妈出院，我才能回北京工作。其实我比任何人都紧张我妈，因为经济压力我又不能不管不顾。我真的不知道该怎么办了，我到底是维持现状呢，还是彻底不管不顾回老家？还请孔老师可以指点我一下。

孔庆东

　　你是一个真懂孝顺的姑娘。

　　然而世界上的真情真懂真人，往往是不被理解的。

我们对父母的孝，要从最终结果上去做整体性的考虑，然后再考虑物质上的孝与精神上的孝的平衡。

你的工作，既然关系到妈妈的医药费，那么这个工作就不能完全抛弃。当然你可以一边坚持这个工作，一边再想想能不能在家乡开拓近似的工作。

其次，还必须在需要时就回去照看母亲。我的母亲病危之前，我也是这样做的。每周回到北大上课，一下课就直奔机场。守在母亲的病床前，用手机指导研究生写论文。

你现在恐怕也得这样两头兼顾。

再次，还要耐心与父亲和其他亲人沟通，讲明你的情况和想法，争取赢得他们的理解。

也许你真诚的努力和付出，会感动上苍的！

[■?■] 拌嘴也是尽孝

⊙ 老猫在楼下

想问一个关于老母亲的问题，老太太快 80 了，属兔、农历八月十八日生。父亲去世快十年了，在世时两人经常吵仗，我们时常调解。去年 6 月前母亲在我这里住了三年，老人身体还好，有点血脂高，心脏有点小毛病，体检报告总是提醒要饮食少盐少脂，但老人喜欢吃蘸酱菜，盐总是控制不住，也爱吃肉，又不爱吃水果。别人总说她身体好，她自己也不管不顾，过马路小跑，走路总想抄近道，发生过若干次危险，因此我经常说她，有时语气也恶劣，但她都忍着不与我发生冲突，其实过后我自己也异常后悔，但当时又控制不住自己。今年想再把老人家接过来住一段时间,想请教孔老师,我怎么才能控制自己不去管她,老母亲今后生活中自己应该注意哪些问题才能活得更舒心点?

孔庆东

你说的情况,跟俺家差不多,跟许多人家,估计也有类似之处。

什么少吃盐少吃油之类的科学"邪教",里面有合理的成分,但也不能轻信,一定要具体人具体看待。我见过不少完全按照鬼子的科学"邪教"生活的人,年纪轻轻就去世了,而许多大鱼大肉者健康长寿。乾隆八十岁仍然大鱼大肉,我自己的外祖父,最爱吃的食物是一大碗肥肉拌白糖!他老人家活了几乎一百岁。

所以要看老人家到底吃盐多不多,必须根据其自身的吸收状况。过马路还能小跑,说明身体很好,喜欢抄近道,说明脑子好,而且热爱生活。

但是做子女的,该劝还要劝。劝的目的不是让老人改,而是你越劝,她越不听,这样她才能够体会到自己的成就感,才能生活得更有乐趣。这叫"以谏行孝"也。

我的母亲也是属兔的,我也总是严厉批评她,她老人家也是"屡教不改",而且说我态度不好。但我知道,正因为如此,她才活生生地感受到她在我心中的分量。

不过就你而言,我建议你增加一点幽默的方式,或者推荐一些"科学知识"给她看。这比任何药物,都能更有效地降低老人家的三高也。

[❓] 什么是父母的好日子?

⊙ 伍云智

孔老师您好! 我看了您关于什么是好日子的回答, 这给我指明了前进的方向。不过答案中提到的三点好像不适合我父母。我想问的是父母的好日子是怎样的? 作为子女, 如何让父母过上好日子?

孔庆东

父母的好日子, 首先要了解他们自己的看法和愿望, 然后判断他们的看法和愿望对不对。万一遇到坏父母, 他们认为的好日子就是贪污26个亿, 卖国求荣, 鱼肉百姓, 那绝对不能支持。我这是先说个特例, 以求逻辑严密。当然坏父母是很少很少的, 大多数父母的好日子, 一是富足健康, 二是子孙可喜。当子女的, 要做到以下几点:

第一, 要注意父母的身体, 像论语里讲的, "惟其疾是忧"。

第二, 要满足父母的物质精神需求, 特别重要的, 是情感和尊严的需求。

第三, 孝顺是不是整天腻在父母身边嘘寒问暖呢? 不是。要找些合适的活给父母干, 这样才能深度满足他们的荣耀之心。比如衣服破了, 扔给父母去补, 他们就会一边唠叨着你, 一边展示他们的手艺, 一边说着过去如何朴素, 现在如何浪费。这表面上是让父母干活, 其实是一种不动声色的大孝, 父母心里美着呢。

最后, 子孙有出息, 能够光宗耀祖, 才是最高境界的孝。这个，就不能去要求多数人了。

[🔘?] 让母亲开心自由

⊙ 恺＿

　　孔老师，问个关于我和我妈的问题。我妈今年58岁，当初
算是晚婚晚育了，2002年从国企买断工龄下岗的。过去十年我
外婆得帕金森，完全瘫痪在床，我妈非常辛苦地照顾了十年，
日夜不息。今年初外婆去世了，本来觉得妈妈可能负担没那么
重了，可以享受生活了。但是我妈就头两个月在外面跑一跑转
一转，后来就窝在家不爱出去了，而且迷恋玩手机，我回家以
后总是看她会拿起手机看，为这个和她吵过不少次，我说老玩
对眼睛不好，她就说她也没怎么玩呐。以前外婆在的时候，我
妈吃饭还经常和我聊她自己小时候，说她小时候虽然初中就不
上学了，但看过好些书，《三个火枪手》《茶花女》……说得
津津有味，可现在我发现我买什么书她也不爱看了（曾经她跟
我说，以前有个杂志叫《收获》，很好看，我就买了好些年前
的《收获》给她，她看两眼就不看了），我感觉妈妈有点抑郁
了，总是想让她不那么寂寞无聊，但又想不出有什么让她玩的。
我有时候脾气也不好，经常和她争两句，事后又后悔。我妈这
个月月底想和她以前同事出去玩一个礼拜，预算大概六七千，
她不爱看人情，只想看风景。我想帮她想想国内哪里好玩，但
是说也惭愧，从小到大除了北京我就没出过家门口，唯一一次
我到北京，进故宫后一直到走出故宫，我居然还以为故宫博物
院在前面。所以我根本不能帮她想点什么。您能帮她想想旅游

的好去处吗？另外国旅可靠吗？需要旅行社吗？还有就是，平时有什么办法能让她过得充实一些呢？不胜感激！

孔庆东

第一，你是个孝顺的孩子，有这份心，就是宝贵的。

第二，你母亲是50后的人，没怎么玩过手机，就让她玩去吧，反正也玩不出多大的危害，总不会玩得离家出走、上山当尼姑吧。

第三，**旅游是个很好的调整精神的选择。通过旅游，也许她自己就会进入一个新的舒服的人生阶段。**

第四，她既然喜欢看风景，那就不必去大城市。可以选择山水景点。北方人就去南方，海边人就去内陆，反之亦然。

第五，旅行社不是很好的选择，但是如果旅游经验不丰富，那么也只好跟着旅行社。等可以自助旅游了，再随心所欲吧。

谁是最著名的宅女？

⊙ 爱达达子

孔老师您好！国庆回家的时候我觉得我妹妹精神实在不济，不趁放假出去走亲访友，喜欢窝在家里看手机。一跟她说话就觉得她在钻牛角尖，很久远的事情都被她一直放在嘴边咀嚼，我都快受不了。反正话题不是责备家人以往对她关心不够就是自责自己什么什么事情做得不好。特别是有次看电视时候她突然自言自语，说什么没听清楚，还有就是好几次看杂志时突然轻嗤一声，我好奇看了一下就是普通的青年文摘而已。以往她性格给我们的感觉都是大大咧咧偏外向的，现在觉得好像快精神失常了。她今年才24岁大学毕业两年，这种状态持续下去肯定影响心理健康。我爸妈说她是衣食无忧无聊的，我觉得还是要开导开导。朋友跟我说这是思维反刍过度，不知道有什么解决的方法吗？

孔庆东

你说的这种情况，现在很多。

网上把这类人叫做宅男宅女，意思是呆在家里不愿意外出、不愿意接触实际人生。这种叫法，只看到了"宅"字是家的意思，他们不知道"宅"还有另外一个意思，就是"墓地"。

所以，长期龟缩在家里不外出，等于生活在墓地里。世界上最著名的宅女就是小龙女了吧，她不就是生活在墓地里吗？金庸努力把小龙女写得善良、美丽、武功盖世，但是有几个读者喜欢自己去当小龙女呢？那毕竟不是正常的生活状态啊。

解决的方法，就是走出去，接触各种人，亲历各种事。如果不喜欢走亲访友，可以自己旅游逛街，喜欢看书可以逛书店，喜欢美食可以下饭馆。或者你们家人一起组织点什么活动。

总之空洞的开导用处不大，因为她也一定会用空洞的道理来反驳别人。还是想方设法引导她走入生活，走进姹紫嫣红。把"宅女"二字合起来，变成"姹"，她的精神世界，就有可能慢慢充实丰满起来了。

[?] 乙肝没什么可怕的

⊙ wh 宁静致远

孔老师您好！乙肝在中国很普遍又很隐晦，年轻人的婚恋问题受到了不少影响，您如何看待？我自身也是一名携带者，家庭给我传递的也都是正面影响，我没有影响到日常生活但这确实会影响到婚恋，请问孔老师我该如何去面对？以雷闯为发起人的亿友公益近些年取得了不少成绩，我也有幸认识了他们并每月捐出自己的一点心意，亿友公益未来的路怎么走如何运营下去，我觉得单纯靠捐款不好走，孔老师您有什么建议？非常期待老师的回复！

孔庆东

人这一生吧，不是有这毛病，就是有那毛病。无论精神上还是身体上，不可能存在一个"完美无瑕"之人，区别只在于你摊上的是啥毛病。

你摊上乙肝，担心影响婚恋。其他人也各有各的担心。有残疾的，有慢性病的，相貌不佳的，有犯罪前科的，家里没钱的，父母卧病在床的，不能生育的……担心婚恋的多了。你们不过**是千百种里边的一种，从战略上来讲，看开就是了，大家都是一样的。**

当然从具体情况来讲，还是要该注意啥就注意啥。你说的那个亿友公益我也知道，这本身就证明你们是强者，证明你们可以赢得社会尊重。

运营的事情，非我所长。我觉得目前这样的成绩就很好，不要把活动搞得太壮观了，那样反而容易把自己搞成了众目睽睽的另类。多做面对大众的科普工作，让更多的人知道乙肝没有那么可怕，不会轻易传染，这可能是更现实的策略吧。

至于婚恋，我觉得坦诚布公，坦然面对，赢得相互理解，是最重要的。记得我写朱老总跟伍若兰的婚恋，两人一个有胡子，一个有麻子，麻麻胡胡结合了，也是至情至爱。**遇到真正相知之人，乙肝也是心肝也！**

只要荣辱与共，便能肝胆相照！

[**?**] 中西医结合确实不错

⊙ 静水深流飞哥

孔老师，想向你问问我父亲的病。之前看过你的《第三只眼看医学》，知道你对医学有研究，对西医不能过分迷信，这些见识在我爸患病之后，使我少走了很多弯路。我爸是个农民，今年60，正好本命年，能吸烟好喝酒，不过喝多的情况也不少，喝多了容易哭。他年轻时比较精明，常说我是上学上傻了。我几个月大时，我妈全身瘫痪，被一农村大夫中药治好的。爸妈白手起养，开拖拉机，烧窑，卖砖，成了万元户。后来与人合伙买了大货车，跑运输，无货源，撤资，由四口的小康之家陷入困顿。后来爸妈进入浴池给人搓背，挣钱供我上大学，在县城买下房子，付了首付。我儿子出生前，不料母亲又出了车祸，右脚截肢后的赔偿款还清了房贷。去年我爸开始咳喇，一直在乡村镇上治，最近经蚌埠和北京的医生确诊为肺癌中的小细胞癌，且已转移到脑部。这周在我们县城已经开始了脑部放疗和全身化疗，放疗后脑部有点痛，化疗反应不大，饭量不错。听说中西医结合疗效好些，你有什么好方子或者好中医推荐吗？我们家的命运咋老是起起伏伏的呢？

孔庆东

首先为了和缓你的心情，纠正你三个打错的字：白手起家，烧窑，咳嗽。

其次对你的父母表示敬佩，他们不屈的奋斗精神，代表了中国劳动人民的骨气，也代表了中国劳动人民的乐观。并不是你们一家的命运起起伏伏，大多数家庭，包括孔老师自己的家庭，都是这样的。

说到癌症这件事，现在太普遍了，真的已经不是医学所能解决的，从整体上，应该具有一种大无畏、无所谓的革命浪漫主义精神，在这种精神的基础之上，再去认真咨询、认真治疗。

目前你父亲的放疗化疗既然有一定效果了，饭量很好，这就要增加自信，增加乐观。

说到中西医结合，中医跟西医很不同的一点，是没有包治某病的标准化方子和医生，个体差异性比较大。我推荐你搜一搜张清同志的微博，据说他认识一些很不错的中医，其中有的也许会对你有帮助的。

祝你父亲早日痊愈！

[?] 佘太君的养生

⊙ 呆小 pia

孔老师，我奶奶今年八十了，她的膝关节和小腿骨疼痛厉害，起身和走路时尤甚，双腿无力，需要拄拐杖。她七十岁那年，正好赶上南方雪灾，自家山里的树压断了很多。她是个要强的人，干活有股狠劲，自个儿一个人把那些树，用板车拖回家。下坡时，为了控制速度，她用脚抵住地面，一步一步往下走。她自己回忆，腿疼应该跟那次劳作有很大的关系。我观察，她头发白得早，六十多岁已经白了不少，有耳鸣症状，记忆力很差。她还有风湿，早些年也会腿脚疼痛，但不算严重。目前，就是自己每天用活络油按摩揉搓痛处，有些许作用。这种老年疾病治疗非常困难，一般都是收效甚微，医生也没有什么办法。每次打电话回家，奶奶都提到腿疼。我担心，这样下去，越来越严重，可能会有无法站立那天。老家在偏远农村，医疗条件比较差。孔老师，您能给我提供一个思路吗？老师多保重身体！

 孔庆东

　　你的奶奶，算是身体很好的老人家啦。居然七十岁的时候还能干重体力活——用板车拉木头下山，就是孔老师年轻时干这活，也得腰酸腿疼一个礼拜。可见老人年轻时是个穆桂英。现在八十岁了也不过是个膝盖腿骨疼，**佘太君也未必有这个身子骨。**

　　这个症状，是老人一辈子劳作积累形成的，也是符合自然规律的，即使到大医院去看，估计西医中医也都没有什么灵丹妙药。所以首先心情不要太着急，平时还是以多按摩、少劳动为主，以保养为主。

　　另外，我听说过一个方法，不知对你奶奶是否有用。就是端坐于椅子上，在两个膝盖中间，夹住一个空的矿泉水瓶子，然后脚跟抬起，以脚尖着地。这样做两三分钟，感觉膝盖和小腿的肌肉微微发热为止。但是如果很疼，就马上停止。

　　祝老人家继续健康长寿！

你可以打刘胖子

⊙ 有天堂

孔老师，六道轮回，天龙八部，人与人真是有境界上的差别。我已而立之年，感觉自己越来越沉沦没有精神，呆若木鸡。蒙父母之恩，有一份不错的工作，可自己却不争气，感到胜任不了，每天来上班好像欠了别人钱似的惴惴不安，害怕别人对自己失望。以我现在这种状态也许当个快递员比较合适，比较对得起观众，可却连辞职的勇气都没有。其实我本质不差，不算差生，能看得进书，曾经成绩也好过，至少该是二本水平。要是身体状态好，这种程度的工作也不在话下。但是，总有些这样那样的身心问题自己无法面对，精力越是集中，身体方面的隐痛也越是明显，倍感折磨。我想我应该去面对的，即使存在痛楚，也应与其一道去工作、去学习、去经历所有的事情。我再坚持坚持，实在不行就换个自己这种情况可以胜任的工作，不连累单位。总之靠自己劳动吃饭，为父母养老送终，自己死在路边又何妨？想听听孔老师对我的建议。

孔庆东

小伙子，你是好样的！

首先，你有勇气，敢于面对自己的问题。天下人谁没有毛病缺点和弱项短腿啊？可是大多数人都不敢面对，还有一些人自己狗屁不是，却腆着脸上网碰瓷，给这个挑错、跟那个抬杠，不知道自己几斤几两，早晚一跤摔在马路牙子上磕死。

其次，你不但有勇气，还能理性分析自己。也有一些人承认

五十五岁*花满天*

自己有缺点，但是分析不出来，越说越糊涂，最后还是自暴自弃，孔老师磨破嘴皮子也挽救不了他。

你的问题，你已经说得很清楚了。我认为，你的关键不在于换不换工作，而在于振作起精神来！

如何振作精神呢？我有两个建议。一个是早上锻炼，一个是晚上读书。

锻炼可以跑步，可以打球，可以打徐晓冬，也可以打刘国梁，按照你的兴趣即可。

读书可以从读我的书开始，然后按照我书中提到的线索，再去阅读其他书。

我的这个办法，多年来已经挽救了很多人，特别是青年人。当然，也有几个无效的，那是因为他们不能坚持。

只要你坚持一段，那么工作、身体、家庭，整个人生，都会贼拉舒服的！

［？］高级催眠大法

⊙ 井底飞天 y

每天晚上睡觉都要听着郭德纲相声才能睡得着，听着故事可以很快入眠，不听相声就会东想西想，这样的情形已经持续很久了，您每天读那么多书，就不会失眠啥的吗？如何才能摆脱耳机呢，这样会有害健康吗？还有就是持续一件事做久了，晚上就会满脑子跑马影响睡眠，比如斗地主，打麻将，工作上的事情，是我脑容量不够用吗，三兔并追了？

孔庆东

第一，孔老师虽然也是血肉之躯，虽然很多方面也很庸俗、世俗、粗俗，但是在某些方面，孔老师确实是特殊材料制成的，比如永远没心没肺，天塌下来也能吃能睡，所以朋友们不要盲目跟孔老师攀比。

第二，长期使用耳机，对听力损害很大，而且还会造成肾虚肾寒、月经不调等，一定要克服这个坏习惯。

第三，睡前可以小音量听点舒缓的室内乐，定时 20 分钟左右。听相声和故事也可以，但不是最好的选择。

第四，闭目后可以联想一些重复的场景画面，还可以数数某种人或物，比如数和尚，数花脸，数老头，数模特，数风流人物……数数就睡着啦。

[?] 怎样帮助精神病？

⊙ 小狗 332

老师，您好！现在精神病患者越来越多，比如焦虑症，抑郁症，强迫症等。身边有朋友得了抑郁症，还有些朋友或多或少地表现出精神病的症状，有时候，我感觉自己也有焦虑症的倾向。是因为生活节奏太快，压力太大了吗？还是自己想问题想歪了，或者心理太脆弱？如果想从根本上帮助到身边的朋友，并解决好自己的精神问题，该怎么做呢？可以尝试催眠疗法或者醉酒疗法吗？还是多运动呢？谢谢老师！

这确实是一个非常严重的问题。

据权威统计，目前全世界或多或少或深或浅有各种精神疾患的人，居然达百分之十！而可以明确定性为你说的抑郁症强迫症的人，达百分之一！这是非常可怕的数字，就是说，我们身边疯子傻子脑残八悲，比比皆是，可能还包括我们自己。

这种现象是跨国界跨民族跨阶级的，其根本原因是"现代化"带来的。单纯的物质现代化，没有设计好，也不可能设计好配套的精神保健措施，于是就像环境会污染一样，人的各种精神病就大面积爆发了。

我们北大和其他大学一样，学生中的精神病越来越多。我曾经去精神病院看望病人，发现满院都是年轻人！硕士生、博士生都有。

于是我就想，为什么我们50后、60后、70后精神病那么少？我们在现代化建设方面，不比年轻人差呀！可能更重要的原因是，我们的人生"有正事儿"。我们学习、工作、生活，都不是异化的。我们挣钱，但没有成为金钱的奴隶。我们读书，但没有成为鸡汤的奴隶。我们活着也为自己、也为他人、也为祖国和全人类。所以一般的失意、痛苦、挫折、打击，都不足以使我们的精神走向变形。

对于那些已经得了比较严重的精神病的人，你说的治疗措施也许是必需的，也可以听从医生的建议。但我的办法是，投身到广阔的社会实践中去，与人民群众打成一片，经风雨见世面，爱祖国打汉奸，把日子过得充实而热烈，哪里还有闲工夫抑什么郁、焦什么虑啊？

[?] 孔老师也自卑啊

⊙ 用户5601879992

孔老师，为什么我总感觉浑身无力？别人劝我多锻炼身体，但为什么有些人不锻炼身体，也好像很有力的样子？

孔庆东

身体有没有力，不是一个固定的褒义或贬义的评价标准。

你感觉浑身无力，在外界舆论的影响下，似乎觉得这不大好。但是，你如果生在古代就好了。古代高雅男子的标配，就是要无力，要潘安，要宋玉，要贾宝玉。你如果愁眉不展，弱不禁风的，清明时节在路边一摇三晃地走一走，偶尔再吐那么两口血，妈呀，多少美女立刻蜂拥而至啊。

而像孔老师这般，体魄野蛮，常常自卑。我多么希望俺就是那多愁多病的身，好配那些倾国倾城的貌啊！

万般都是命也，只要没病没灾的，何必锻炼呢？跟着孔老师吟诵两句名诗吧：**想强壮难弱亦难，浑身无力百花残**……

第六章
自信与光明

[?] 我帮你选择！

⊙ 当 HeLa 遇到了 CHO

孔老师，您好！我是一个学生态学的研究生，是一个性格比较内向，不很会处理人际关系的女生，现在面临一个人生选择，想请教老师。我现在可以选择两个方向的研究，一个是做昆虫的，在实验室内做很多分子实验，动手更多，研究的东西更为具象；另一个方向是做大尺度的进化和宏生态方面的研究，主要在计算机前进行数据下载和分析，数学功底要强，研究的东西更加抽象和理论化。我的数学功底不算特别好，实验技术也不是很强，但感觉认真做都能做下去。希望以后读博继续从事研究，自己也不知道更感兴趣什么，感觉两个研究方向都有意义，导师人也都很好，不知如何抉择，想请老师指条明路。谢谢老师！

　　　　　　　　　　　　　　　　　　　　　五十五岁**花满天**

孔庆东

谢谢你这么相信我，向我请教一个我并不具体了解的专业方向的选择问题。

当我们遇到两条路，衡量了各种条件之后，感觉"各有千秋"，从而无法抉择的时候，鲁迅的办法是"姑且选一条路走走"，这样就超越了疑惑。

我也读过著名占卜专家的书，当占卜条件不够或者不足以得出缜密结论的时候，我们就靠直觉来拍案而定。

我这么说，并不是把问题推回给你，让你自己决定。而是说既然你问我了，而你又觉得两可，那么我根据你提供的个人性格特点和我对科技研究工作的外行感觉，现在就姑且建议你：选择后者，选择相对抽象的理论研究。

选择本身并不说明未被选择的对象存在劣势，另一方面，选择了就要认真，不要后悔。选择了坐飞机，就丧失了坐火车的悠闲舒适，那就认真而喜悦地享受坐飞机的乐趣吧。

祝你学有所成！

[?] 你的脑子没有进水

⊙ 桑梓之恭

孔老师好，第二次问您问题了。学生现在是大三，是外语专业，马上面临着考研和就业的选择，本来打算去考研的我开始茫然，有了更想去工作的念头。其实我做考研打算的时候根本没有考虑清楚，只是听说考研才能更好找工作，而且学院里的学长学姐都去考研了才这么考虑，但是总结了自己本科学习的两年半，发现自己在学校学习非常懈怠且散漫，或许千辛万苦考上研究生后又像本科期间懒散个两三年，那不就和读本科一样了嘛！或许我需要到社会上学习，才能更加明白该怎么去学习吧。但父母都更倾向于让我去考研。孔老师能给我一些指导吗？我的生辰是1997年6月11日凌晨4点左右。非常感谢孔老师！

孔庆东

先看一下你的生辰。

你生于丁丑年丙午月甲申日丙寅时，牛马猴虎组合，属于有劲儿没处用之类。芒种之牛生于天蒙蒙亮时，常有不知所措之感。五行缺水。我们有时候讽刺人"脑子进水了"，而你是一头缺水的牛，脑子经常运转不灵。

再回到你提的具体问题上。

对于你来说，重要的不是找工作的问题，而是你迄今为止，到底学到了什么知识、何种本领。既然本科阶段的学习不是很踏实，自己也知道这个缺陷，那么就应该给自己创建继续学习的机会和空间。

如果你决定考研，那么本科剩下的时间，你就会督促自己努力认真地学习。而考研成功之后，即使学得不太优秀，起码也要比本科阶段前进一步。

接触社会是需要的，但是对你来说不急。对于那些书呆子，我们要提醒他们接触社会，而对你这样的人来说，肚子里没有多少干货，接触社会，更大的可能就是成为浮浪青年。

另外还有一个问题，你的专业是外语。一个外语专业的本科生，基本上就跟文盲差不多，何况你又没有学好。好比一个山东青年学四川话，学得半拉咔叽，不三不四的，你毕业了能干啥呀？

所以，千言万语一句话：且去考研！

[■?] 所谓的情商与市场

⊙ 柳州水丁

孔老师，您好！末学又来叨扰您了。虽然说这次有可能会让您略有失望，但是想想还是说吧。我联系了一些高校的博导（包括您推荐的北京与重庆某校），发现我的未来职业发展可能还是偏实践型比较好。在我以前做培训最顺的时候，我曾经和要好的学员说过，我未来的目标，是进入广西最优秀的英语老师行列。一个博士学位，在南宁或者柳州，不一定会对我的这个梦想起到非常大的帮助。身边好些家人朋友也赞成我放弃考博的想法，我也打算有机会的话，转到单位的公共基础教学部。以后不一定离开单位，可能条件成熟了，单位内外的工作可以兼顾。所以，一、您对此怎么看？二、您对未来中国的英语教育前景怎么看？上次您说过，校外培训还是社会不可缺少的，我还可以做其他科目的中小学培训，如果英语不行的话。三、您上次说"所谓情商有限"，"所谓"是想表达什么意思？我有比较社会化的朋友，觉得我情商低，所以极力让我考博以弥补。但是我觉得在社会上，只要有足够本事和技术，防得住小人，为人处事正就可以。我在单位内外都有不少关系不错的朋友熟人，八面玲珑不见得就是唯一的通行证。您怎么看？上次找您还是刚刚穿短袖的时候，如今寒风凛冽，您注意保暖！

孔庆东

好的，我试着逐一答复你的几个问题吧。

此前先批评一下你的表达。**其实没有多么高深复杂的问题，但却读得挺费劲。**从你的提问表达方式，我对你的学习和教学能力都有一点怀疑哦，同时也证明了美国教育水平有一些问题。你一个美国留学归来的人，还从事语言教育工作，句子都合乎语法，用词也准确，但整体上怎么表达如此啰嗦而没有内在的逻辑构架。这并不是说文字长短，只要头脑清晰，再长的文字也能让人畅快地一气读完。

第一，你说的很对。学位将越来越没有那么重要，博士将来满地都是，不过是高级打工仔的代名词，而实际水平还未必高级。你如果遇到更好的调整工作岗位的机会，也就不必去考那个博士。但如果一时没有鸡腿可吃，那么啃个鸡肋也不失为一种乐趣。

第二，英语培训的市场将长期存在，而且民办机构会层出不穷，培训方式将增加大量的短平快模式。所以，你最好有多种准备。

第三，"所谓"二字，本意是"所说的"。我说所谓情商，意思是人们所说的情商、你所说的情商等，而我未必认可这个概念，只是使用这个概念与认可此概念的人进行交流而已。你认为当一个正人君子是立身之本，这是完全正确的，咱俩见解一样。但是你的话里隐隐认为情商高就是"八面玲珑"，这却反映出你的理解能力有局限了。假如世界上真有一种东西叫情商的话，你还真得提高提高了。

总而言之，你是一个各方面水平中等，但存在较大提升空间的正人君子，发展机会也很多，不一定非要考博士，但也未尝就不能考。你要增强对各种人事的灵活理解，发扬你的进取精神。你在事业上的进步，我现在就差不多已经提前看到了！

[❓] 公务员要不要考研？

⊙ 雪堂篱门

孔老师，我毕业后没有人生规划，就索性考了基层公务员，起初以为能为老百姓干点事情，但工作后才发现实际与想象大相径庭，而且连下乡入户的机会都没有，所以萌生了辞职考研去其他领域的想法，但好像目前的体制内就是这样，有点权力才能做事，开始都是只能当跟班，纸上贯彻落实，听说真正的猛士是可以忍辱负重最后杀出重围的，那我现在的处境到底是不是黎明前的黑暗呢？我现在潇洒离开准备考研，但青春不再，前途未卜，还会给三代贫农的家里带来一定的负担，这样的话我又算不算软弱逃避呢？您认为我该怎么选择，或者说我应该考虑哪些关键利弊？

孔庆东

我看你表达清楚，思维正常，相信你能够考上某个专业的研究生。

只是第一，你也明白，高校也好，研究生毕业后再就业的单位也好，还是充满了污垢和黑暗，不要抱着寻找光明的浪漫心理。

第二，经济问题要考虑周全，能不能少用父母的钱去读研？能不能考个有奖学金的研究生？这样可以解决生计问题。

第三，你现在的工作，其实也让你增长了智慧和经验。不要幻想着杀出重围，因为重围外面还是重围。

孔老师有一句诗："挑尽滑车不觉累"，要在黑暗中看见光明，在污浊中守住纯洁。不论工作在什么环境里，都不盼望光明非来不可，而是踏稳了脚下的土地："老子今生就战死在这里！"这样，看上去乌七八糟的生活，自然也就天天开满了鲜花。

[?] 烂校也能出伟人

⊙ 惯看 _ 秋月春风

孔老师，按理说吧，俺成为您粉丝的时间不长，还不到十年。可是您对我影响还是巨大的。我以前虽然比较爱读书，但是硬书读得少，长进不大。读了您全套的书之后就中毒了，不但中了您的毒，也中了某些硬书的毒。您说要多读鲁迅，我就买了鲁迅全集通读，读完了还买了很多学者分析研究鲁迅的著作；您说应该读马列毛，我就买了毛选和马列著作，现在都要考马哲博士了；您讲座推荐过赵汀阳的《天下体系》和曹征路的小说《那儿》，我也都买来读了个遍，赵汀阳老师的著作我几乎都读了。这么说吧，我在心里早已拜您为师啦。虽然现在水平还很一般，但在不断进步。这次问您一个庸俗的个人问题，我生于农历己巳年九月初五寅时，自己查过金木水火土齐全，O型血天秤座，性别女。个人情感问题尚未解决，不过在相亲无数父母强求的情况下已经对结婚啥的不感冒，爱咋地咋地。现在有这么一个小纠结，我工作是在太原，今年公司总部借调到了北京。总部有意将我留在北京。按理说这事儿挺好，那么多人削尖了脑袋去北上广，这里又是总部，发展前景可想而知啊。但是我上一个被屏蔽的提问您不知还记不记得，我总觉得这里的工作形式大于实际，没有基层那么接地气。我工作还没满三年，过早到总部是不是也不大好？而且北京房价那个高啊，让我等草民一生浸泡在贷款中，我觉得也憋屈。在太原呢倒是生活什么的都很不错，但是基层也有基层的毛病，比如裙带关系啥的，而且周围人的素质跟总部还是有些差距。慈爱的孔和尚孔阿訇孔道长，能不能帮我分析一下我的命中注定我身在何方啊？阿弥陀佛真主保佑无量天尊毛主席万岁！

孔庆东

你的毛病是跟你的优点混合在一起的。

读了很多好书，天眼就开了。天眼开了，看什么都很清楚了，但是并没有天兵天将的功夫，好比王语嫣去打徐晓冬也。

其实个人问题与国家问题，是可以分开解决的。每个烂学校都可能产生伟人，但学校还是烂学校。

北京房价确实高，但你看有没有白领会睡到立交桥下面？不要把总部看得如何如何高，北京满街是总部，局长也穿牛仔裤。总部就不接地气啦？我家赵二还是喵星驻京总部的二野政委呢，不也得亲自偷鱼吃？

你这种五行俱全的人，应该到广阔天地里，才有更多的姻缘可寻。和尚阿訇道长都亲近亲近，总有一款，能入你的阿门也。

[?] 不要被鞋捆住了脚

⊙ 韵儿啦啦啦

孔老师，我是一名在北京就读的大二的学生（理工科，女），现在遇到了一些困难，希望能得到您的建议。以下是问题的描述：我对科研很感兴趣，将来打算从事有关工作；同时带一个社团，这个社团对我也很重要，我在带社团的同时实践为人民服务，这个社团占用不少时间，寒暑假基本很少回家（我时间挺紧张）。我从小学习舞蹈，对舞蹈有着深深的爱。我从两个多月前开始重新学习芭蕾舞，每周上一次课，一次一个小时带上来回时间要三个多小时；每天晚上花费40分钟以上练习基本功。重新拾起舞蹈挺累的，但让我非常快乐。每天练完基本功之后都会出一身汗，非常放松。而且练功治好了困扰我很久的失眠（我以前得过抑郁症，曾经住院一学期，伴有神经衰弱，到现在都没咋治好），每天7个小时的充足睡眠让我白天精神满满不会犯困。而且真的是热爱，想要坚持下去。但是舞蹈课比较贵，一节集体课150元，老师说我进度挺快，再学三个月左右就只能上一对一课程，一节课要260元。这样的学费对于我来说挺贵，而且因为学费我无法在经济上独立于家庭，学费也有很大一部分依赖我的男朋友。此外，因为培训机构离学校甚远，上课时间是晚上7:00，我男朋友会因为担心我而陪我下课送我回去，这也加重了我对他的依赖。但他告诉我他因为对我照顾太多他会很累并且长久下去经济上也有负担，这让我思考了很多。我觉得自己像个婴儿，甚至是吸血鬼，榨干身边人的爱来满足自己的需求。我内心厌恶这样的状态，觉得自己没有真正为人民服务，而是为了私心去损害自己的亲人。自己也并没有在社团实践中取得多么大的成就，没有真心实意地投入足够的时间，我非常愧疚……感觉自己还是没有真正将为人民服务作为自己的行为准则。我这算是私心太重吧。我真的很想一直学下去，专业的舞蹈又不能没有师傅教，这让我非常矛盾：不想再向家人伸手要钱，又没有时间自己挣钱。请问在这样的情况下我应该怎么办？自己的内心既希望可以学下去，又讨厌通过榨取他人来满足需求的自己。

　　附：我的生日 1998.06.30　　　父亲生日 1965.03.23
　　　　母亲生日 1972.03.16　　　男友生日 1993.08.27

孔庆东

　　好的。虽然你的叙述比较繁琐，但问题本身也不太复杂。我试着表达一下我的看法吧。

　　你是夏至到小暑之间的母老虎，巨蟹座。你很善良，经常能够为他人着想，这是你愿意为人民服务的基础。但是你又经常缺乏安全感，这样又使得你需要依赖和索取他人。这是你性格中的基本矛盾。在不断成熟的过程中，你需要克服后者，多向前者倾斜，这样才能比较完美地解决整个人生问题。

　　就拿学习芭蕾舞这件事来说吧，你再喜欢，学得再好，最后的结果是什么呢？你能进中央芭蕾舞团吗？能够有朝一日，到北大跳一场天鹅湖睡美人吗？孔老师是中央芭蕾舞团的学术顾问，多次去讲座和观摩，也认识一些非常优秀的演员，颇了解一些她们的苦衷。我有时看着她们变形的双脚，都会感觉到疼痛。而要达到她们之中一个跑龙套的水平，也要从小到大，十几年如一日地专业训练。而刚刚成名，二十多岁，恐怕又要考虑退休问题了。总之，专业化肯定不是你的发展目标吧？

那么，既然只是业余爱好，就不能把整个人生都押上去啊。如果你自己有钱有闲，你可以爱怎么着就怎么着。然而问题是你钱闲两缺，所以我认为，你目前的舞蹈水平已经够了，足够你用来为普通的人民群众服务，也足够你用来锻炼自己娱乐自己。就好比孔老师的围棋，业余二段已经非常满足了。如果我每周花费四五个小时，再花几百块钱去上个围棋班，把自己的围棋水平弄得不上不下的——其实在专业棋手眼里，业余二段跟业余四段没有什么区别！而且把本职工作都耽误了，那又何必呢？

我觉得你把这个问题想通了，就会豁然开朗。你能干的事情非常多，不能被一双舞鞋捆住了活泼的大好生命啊！

希望你经过痛苦的思考，焕然顿悟。

[?] 辞职创业好不好？

⊙ 贾小陇

孔老师，我是"90后"，大学毕业之后进了一家国企工作，是一家电力企业，已近三年了。年薪十万左右，这在我们六线城市算是不错的薪水了。可是这三年我每天都在煎熬，我清楚知道我不想要这种生活，熬夜倒班，再苦再累也都能忍受。最让我难以忍受的，是国企僵化的制度，和人情世故。溜须拍马比工作能力更加重要，家庭背景比学历学识还要管用。所以我每天过得很是苦闷，唯一能支撑我的，就是阅读文学作品，看的书越多，我越加坚信我的看法。毛主席说过，广阔天地，大有作为。我想辞职创业，在我看来，农村比大城市更有机会。

五十五岁花满天

成功失败，我都赚了人生。可是我的父母不能理解，万幸的是媳妇比较支持。我该何去何从，孔老师若能指点一二，不胜感激。

孔庆东

天下乌鸦一般黑，我不反对你去创业，但是对创业的前景，一定不要设想得太好。当年鲁迅有个粉丝，也像你这样问鲁迅，想辞职不干了，鲁迅不同意，说是生活不容易。我比鲁迅开放一些，何况现在怎么也比旧社会强，所以支持你趁着年青去闯闯。

但是你第一要有点积蓄，第二要设计周密，不可暴虎冯河。第三要做好吃更多苦、拍更多马屁的心理准备哦。

❓ 薪酬与付出的关系

⊙ **羊驼驼船长**

孔老师，我是一名应届大学毕业生，现在在苏州某民营制造业企业做助理工作，工资每月3000元。晚上我和一位在苏州开小工厂的朋友聊天。我说，公司每月给我3000元，我就付出与这个工资相匹配的工作态度与劳动量。我朋友说我的态度有问题，应当不论工资多少，都全心全意投入。我们就这个问题展开了争论。争论无果，于是向孔老师请教，请孔师就我和我朋友争论的这个问题，发表一些意见。谢谢！

孔庆东

你提的虽然是个人问题，但其实涉及很宏大的三观认识和更宏大的哲学背景。这里无须展开那么宽阔的话题，我只就你的所问，谈点具体的看法。

首先，你是在民营企业工作，也就是说在给企业的拥有者打工，彼此是雇佣关系。在这种关系中，你无论薪酬多少，肯定远远低于你的付出。这是学过一点马克思主义政治经济学，就很容易明白的。

所以，你是否全心全意地付出，跟你的薪酬并没有直接关系。如果你跟老板个人关系好，你可以大力付出，帮助他发财。如果你想获得老板赏识，也可以大力付出，以此尽快获得更重要的岗位。另外，如果你的工作性质涉及民生安全，你也可以大力付出，实现你的道德追求。

但是所有这些付出，第一不可能是"全心全意"的社会主义劳动者的动机和心态，第二也不是人家资本主义国家的劳动者的常态，第三还可能产生"助纣为虐""为虎作伥"之类的负面价值。所以不能笼统地一概而论。

假如你在私立学校当老师，虽然受到老板剥削，你也应该尽心尽力把学生教好，不能让学生从你这里遭受损害。但是这不等于必须吃着猪狗食，要干牛马活，不等于必须废寝忘食加班加点活活累死在三尺讲台上。

道理我想你已经明白了。你和你的朋友，不能抽象地说谁对谁错，而要结合我指出的这些具体情形来具体分析，然后再决定你的工作心态也。

⊙孙_昕

　　孔老师您好，我对自己的职业非常困惑，不知能不能得到您的点拨。我本科学的是电子信息工程，毕业后在家乡沈阳做了家教，给中学生辅导数理化，一年后进入一家小培训机构，月薪两千左右，又一年后离开这家机构，在多个机构兼职，月收入一万左右，直到现在。我有两个痛苦：一是职业认同，不管老板和同事们怎样自欺欺人，我总是无法认同这个职业，从不择手段的营销到填鸭式的教学，好像处处都是反教育的，但我不能说出来，甚至不能总这样想，因为我的专业是工科，无法进入公立学校，注定只能在这里继续走下去；二是恐慌，我自信是会讲课的，但是二十年后培训机构还有吗？我这个工科生还会被允许讲课吗？我站得太低，没有能力预测到这些，所以恐慌。我今年26岁，突然陷在这样的痛苦中，非常想听您说说我的认知对不对，接下来的路该怎么走。

孔庆东

　　小孙你好！谢谢你相信我这个"文科生"，能够帮你解答一点"工科生"的问题。

　　首先，像你这样的年轻朋友很多很多，为了生计，不得不从事着自己不喜欢甚至比较反感的工作。这从整体上看，不是你们的错，而是我们背离了毛主席教育思想的必然恶果。

　　其次，处于类似状态的又何止你们年轻人？那些老板、官员、教授，有几个是真心热爱自己的工作的呢？很多人都是资本驱使下自欺欺人的钱奴而已。

现在回到你个人的具体问题。你不要惊慌，培训机构肯定会长久存在的，因为公立学校也存在着大量的问题，需要各种培训机构来补充和纠偏。而且培训机构会升级换代，需要大量人才。

你业务能力很强，这就值得自信。你又很有良知，看出了培训的问题。这两点能够帮助你在谋生的同时，去做越来越多的正能量的事情。说不定有一天，你自己就会开办一所有良知的教育培训机构。当然路很远，需要坚守和进取并存。

总之，你现在要"勉从虎穴暂栖身"，寻找机会做出造福学生的正面事业。时代不可能总是黑暗，你能够来向我提问，这本身就说明，你是善于寻找光明的。祝福你！

[❓] 怎样在沦陷区工作？

⊙ 火炎驹

老师，您好！ 毕业之后，我先后在两个不同地域（从东南到西北）的传统媒体供职。年华似水流，如今的我已在张望四十岁了。回眸这些年的工作经历，我亲身感受到了新生力量的兴起和旧业态的衰落。我认为，这些都是暂时的。技术的更替终究是手段的变化，新瓶还能装旧酒嘛。说到底，比的还是语文功夫，还得看文章的水平。而我所处的环境中的种种乱象，不能不令人心浮动。比如，资本、合并、改革、创新，这些让人听得耳朵都起茧子的词，真的带来了什么新变化吗？如果有的话，那就是收入愈来愈少、光景愈来愈差。再比如，某些手握权柄的人，只手遮天，公器私用，豢养走狗，党同伐异。这样的利益集团，在贼首被退休后，依然把持着各部门。我恍惚看到的是上个世纪40年代的GMT。真是芦苇烧不尽，春风吹又生啊。还有大量中下层自私的愚众，有不学有术的，有尸位素餐的，有浑浑噩噩的，有另谋出路的。再比如，在一个号称严格的审看制度之下，竟几乎天天可见到语病、错别字和狗屁不通的垃圾文章。制度都上了墙，却没上心。可见，制度并不是万能的。好的制度，要依靠什么才能得以正确运用呢？是的，以上的情况并非孤立的存在，有些行业领域已经大面积沦陷了。我所处的"霉体"在全国的排位大概是末尾，也许是要折腾到死吧，不死就不能活，由他们折腾去吧！我能做些什么？对待工作，只求对得起我在岗位上度过的每分每秒。问题是，明知光明不在黑暗之外，可人这么活着，孤独且痛苦啊。

孔庆东

驹老弟啊，我先跟你抬个杠哈：就算咱们地球现在已经实现了共产主义，放眼一望地球之外，不还是一片黑暗，漫漫无边吗？

生命的价值，就在于除了我们自己之外，都是一片黑暗。

孤独，不一定痛苦。孤独应该是快乐的。

当然，咱们这里说的孤独，是一种高层次的清醒，而不是谁都不跟你玩的那种孤独。要做中国乒乓球的那种孤独，不做中国男足的那种孤独。

即使你生活在毛泽东时代，仍然会发现很多社会问题，发现很多人自私自利，发现一些干部干坏事。我们看清楚了这些，不是用来痛苦的，而是用来确定自己的价值和人生取向的。

你描述的情况，很多人都看见了，认识到了。他们有的同流合污了，有的独善其身了，有的适度斗争了，有的麻木不仁了。你可以根据你自己的情况，选择你自己的方式啊。

萨特说，人即使在监狱里，也仍然是自由的，因为你永远可以选择。

不懂得选择，才是痛苦的。

就拿你附图的渣滓洞①来说，里面的人不仍然都是自由的吗？江姐的选择，谁能够阻止她？江姐没有因为看见那些叛徒就灰心丧气，她带领同志们绣起了红旗。

我们现在，你的现在，总比 1948 年的时候好很多吧。

所以，孔老师才号召大家学习鲁迅精神：在绝望中抗争，在战斗的航程中，去实现我们的生命价值！

[？] 人与环境的关系

⊙ 寒塘剑影

孔老师半年前指点俺该干啥干啥，可恨俺迷瞪了这么长时间，还是来追问"俺该干啥"了，自己先枭凿一个。学生毕业后在现单位工作了快三年，月收入增加了一点，可是心里一直不舒坦。这三年无论自己单位还是接触到的其他企业，给我感觉浮夸风问题都很严重，我一面因老板剥削幼稚但花样多多感到不爽，一面因劳动产品赚钱却隐患重重感到不安。在这种环境中一个人想要独立发展，想要有所贡献，想要对得起父母的养育，老师的教诲，（想要换份工作）应该怎样做呢？

---

① 图略。

　　　　　　　　　　　　　　　　　　五十五岁*花满天*

孔庆东

你所提的，实际上是一个人与环境的关系的问题。

生命能够存在于地球，这说明我们的环境非常好，应该知足和感恩。除了人之外，动物、植物都不会抱怨。

人为什么会抱怨呢？因为人有理想，跟理想比，现实总是不好的。

抱怨可以使人进步，也可以使人消沉，甚至使人堕落和犯罪。

回到你与环境的问题上看，天下资本一般黑，即使一位"红色企业家"，他也要剥削员工，有时候为了企业之间的竞争，也要做点亏心事儿。所以，这不是换份工作就能解决的。

就好比孔老师看见北大有很多缺点，于是跳槽到南大东大西大中大，结果发现比北大差多了。

那么，孔老师应该怎样对待北大的缺点呢？

第一，要全面地、历史地、辩证地看待，特别是要看到北大的优点。

第二，自己要有本事，要在客观上形成"不是单位养活我，而是我养活了单位"的事实。

第三，要在力所能及的范围内，批评和纠正单位的某些缺点，做不到的也不要勉强。

第四，人的生命不止局限在单位啊，单位只是你打工的一个地方而已。单位之外，有父母、老师、同学、朋友，还有十几亿素不相识的同胞，他们，就是我们生活的意义，也是我们可以奉献情感和智慧的对象啊。

[?] 被骗一千万，现在怎么办？

⊙ 天虫虫

孔老师，又耽误您时间了。今天替我的同事兼好友提个问题。他 19820701 午时出生，温州人，在北京工作生活。他刚刚遇到人生最大的挫折，在老家跟朋友合伙做生意，被骗一千万元，其中有他跟别人借来的几百万元。那人拿我同事投资的钱去玩股指赔光了，我同事才发现被骗了，感觉一下子从天上掉到地上，这辈子都完了。就算这样，他先想的是如何想办法先还上他欠别人的钱。我想问的是，他的八字命理如何？他怎么做才能度过这次难关，化解危机减少损失？

孔庆东

此人八字为壬戌年丙午月乙酉日壬午时，双壬双午，五行不缺火稍多，火本来就克金，钱财上容易出问题。他又是巨蟹座的傻狗，被暑天给热晕了，还是"温"州人，虽然为人善良，但容易犯下大的判断错误。

你说的这次挫折，就是他命理的体现。今年是其本命年，诸多因素相加，导致热昏。

我今天刚从唐山回京。唐山的一位做钢铁企业的朋友，六年前在新疆被坑了十个亿！当地银行揪住他不放，直到今年，他才把这个大窟窿堵上。我说这个例子，是想告诉你，**不论遇到什么困难，都不要被击倒，慢慢地、冷静地、耐心地应对，总有解决之日。**

就你这位朋友来说，今年可能是没有办法扭转乾坤的，只

五十五岁*花满天*

能想方设法熬到明年。猪年对他比较有利。

他以后要注意几个问题,一是无论人和事,尽量回避南方,要接近北方。因为南方属火,北方属水。二是不可冒险行事,凡事要等一等、看一看。三是少跟人合伙,自己单干,相对更为稳妥。

祝他逢凶化吉!

[　?　] 中国的老百姓还是以前的老百姓吗?

⊙ 人生二百年水击三千里

孔老师,我是一名省直机关干部(不是精致利己主义者),痛感机关工作不接地气,非常想作农村调查。经过多次申请,领导同意我下乡锻炼两个月。手头资料有《毛泽东农村调查文集》,还有贺雪峰主编的《中国村治模式实证研究丛书》,计划挨家挨户走访一个村(寻乌放到现在也就一个乡镇的规模)。本来信心满满翘首以盼,可真要下去了,临事而惧,不知从何下手,请孔老师给点切实可行的建议。(我的缺点是不善言谈,不知道怎么跟村民沟通。生于农村,不事农桑。八流大学毕业,四处打工,两千月薪。两年后考了公务员,实际从事机关工作已一年多,人情世故不懂,社会常识匮乏。)

孔庆东

第一,表扬你是一位好干部,向你的精神致敬!

第二,调查也是对自己的锻炼,也许通过调查,可以提高你的口才等实际工作能力呢。

第三，要做好失败的准备，现在的干部不是以前的干部，当然老百姓也就不是以前的老百姓了。

第四，事先做好详尽而周密的准备，设想各种问题和阻碍。

第五，只要你的态度诚恳，目的单纯，老百姓总会理解你、配合你的。

第六，及时总结经验教训，以后继续调查。

第七，祝你成功！

[?] 怎样对待领导？

⊙ 陈萧山

孔老师好！请教一下您，一个基层的乡镇公务员的出路何在？我在珠三角某乡镇党政办工作，负责公文的校核、收发。我中文专业，性格内敛，不善交际，不抽烟，少喝酒。尤其不善与领导打交道，见到领导就紧张。有领导提出意见，领导和我只是同事关系吗？当时不知道如何应对，只知道这样不妥。感觉自己的性格与公务员不适应，不知道应该努力的方向。感谢孔老师！祝您生活愉快！

孔庆东

有很多像你这样的单纯而善良的基层公务员，不适应工作环境，不适应与领导的关系，恐怕还要遭受各方面的误解。

别人和你们自己，一般都仅仅理解为性格问题。而在孔老师看来，更重要的是语文问题。

你还是学中文的呢，连个领导都不能蔑视着去看，竟然还紧张，你这中文咋学的？中文学得好，应该是粪土当年万户侯！小小的基层领导，至少要平视嘛。对咱们中文人来说，这个世界上最不需要怕的就是领导。

领导是好人，就跟他交朋友；是坏人，就想方设法收拾他；是个半好半坏的人，就一边交朋友一边教育他。总而言之，大丈夫立于天地之间，失去的只有锁链，何怕之有哉！

[?] 咋对付领导？

⊙ 江湖钓徒

孔老师好，我又一次举手了。这次的问题是，对于人品有问题的领导，因为工作关系不能"敬而远之"，那我们该如何处理工作与私人的关系？谢谢！

孔庆东

第一，做好自己的分内工作。

第二，不要主动干涉之。

第三，如果他干涉你，请参照《东博书院保卫守则》，如下：

人不犯我，我不犯人。

人初犯我，我让三分。

人再犯我，我回一针。

人恒犯我，斩草除根。

[?] 房价怎样才会下降？

⊙ 随风 - 潜入夜

　　房价趋势预测。必须承认的事实是，如今房子问题已经严重影响到了广大人民群众的生活。虽然很多城市，尤其是大城市的房价已经偏高了，但是对于生活在大城市中的大多数年轻人来讲，买房又是必须要面对的。很多人一犹豫，辛辛苦苦攒的钱都付不起那首付了。而现在，我身边就有这样一些朋友在犹豫，守望着房价那一丝丝下降的可能。但是就以往经验来说可能性又不大。尤其是在两会之后，没看到相关利好政策。所以烦请孔老师指点一下房价可能出现的趋势，尤其是下半年十九大对房价可能出现的影响。谢谢！

孔庆东

　　将近二十年来，对中国房价预测最准、态度也最坚定不移的有两个人，一个叫任志强，一个叫孔庆东。

　　只是因为任志强说话不好听，加上他被一群公知包围，自己也想当公知了，所以很多人不喜欢他。但孔老师一向是赞成任志强实话实说的，俺只是不赞成他对劳动人民那么一副凶凶巴巴的态度。

　　房价所涉及的知识太多，这里不能展开，孔老师只告诉你一句话，房价是不会降的。**大城市不会降，小城市降了也是虚降。**当然孔老师也是反对高房价的，也希望天下人民都能住进广厦千万间。

　　但是医生不能欺骗病人，说你的病下礼拜就会好的。所以大家一方面还要继续痛骂高房价，另一方面该挣钱挣钱，该首付首付。

只要大家命运是相同的，就不会都去睡马路，船到桥头自然直。

那么房价永远不会降吗？当然不是。

如果经济崩溃了，房价立马大降，那对我们并没有什么好处啊！房价虽然低到一万元一平方米了，但是你的全部存款都等同废纸，馒头要五万元一个，那个降价有何意义？

还有另外一种降价，就是房价涨幅大幅度缩小，或者维持现状，或者小幅度下降。但是工资和其他物价大涨。比如平均月薪一百万元，馒头一百元一个，那时候房价涨到五十万元一平方米，那不就等于房价大降了吗？

[■?■] 没风险，七抢一

⊙ 郎 -1956

孔老师，这次是关于个人投资的问题，如果不方便回答请您就忽略此问题吧。我和我媳妇从事工程相关体力脑力结合工作，目前年总收入大概够买去年七月的七万张大饼，一年存三万张大饼没什么问题，但是这收入长远看说不准，受国家基建政策影响太大，也没有什么积蓄和背景。考虑到工作严重透支身体健康，且平时忙于工作没时间去经营什么实业，想做点长期的投资。您觉得在西安曲江南湖边某好地段富人区按揭一处 170 平方米 250 万元以内的房子；还有积攒力量购买张掖地区有配套生产条件亩租金 600 元的整块农田的长期使用权，或者其他条件不错的整块农田的使用权；还有持有少数几种外币、贵金属、股票并根据经济形势进行灵活调整，哪种更靠谱？哪种大方向是错的？或者您能否提供一些忠告、建议？

孔庆东

关于投资的问题，我肯定不是专家。我不过是以普通民众的心理，加上一些乱七八糟的文化知识，碰巧猜中了这几十年的一些经济发展走向。所以我既不用下海，也不用出国，既不当五毛，更不当美分，能够过一份普通教授的庸俗生活而已。

说到你的投资方向，存款不用，肯定是亏的，国家很快就把你的七万张大饼，变成一万张大饼，还要说这是七抢一呢！其次，我没有专门关注过西安的房市，但大唐芙蓉园，我是住过的，那一片绝对有升值空间，可以考虑。

然而莎士比亚曰："鸡蛋不要放在一个篮子里。"所以你最好拿出五千张大饼，往武大郎的家乡寻点营生。这个可能有点风险，但风险，其实就是保险也。

咱们交给保险公司的钱，大部分人，最后不是都白交了吗？但是能够因为白交，就不交吗？

[?] 提高了生活质量，就是赚

⊙ **诸葛湛云**

孔老师，您好！受您和易富贤老师的熏陶，我和内人准备育2~3个孩子，现有的两房就不够住，而全家老少目前积蓄只够四房房款的一半。资本媒体可恶地鼓吹着重庆属西南中心，房价太低，还有很大上升空间。每个楼盘都是爆款，一问就只剩下几套不好的，不知是开发商故意炒作还是全民觉醒不把钱存银行坐等贬值。若大家真在哄抢，以后房子还值钱吗？目前俺们的生活状况就像古希腊哲学家孔尔摩斯说的："买背心就买不了裤衩，买裤衩就买不了胸罩，每天活得跟唐老鸭似的"。担忧现在不买，以后连个书房都买不起。又怕随波逐流背负巨债。家里商讨出了四个方案：1.按揭一套本小区（渝北照母山片区）二手清水四房（略高于新盘 0.25 万元/平方米），优点是交通方便出门轻轨。2.去目前重庆炒得最为火爆的中央公园全款投资一套小房。3.房价不涨不跌，则过几年积蓄多点再考虑。4.房价经过去库存高峰期后微微下跌，高位出手的被套牢，我们则观望。拿不准的地产党，困惑复迷茫，望孔师指航向！

孔庆东

孔和尚看房价，在十九大之前是一直很准的。

这话就是说，十九大之后，不那么自信了。特别是重庆地区的领导，在经济上到底是个什么打算，孔和尚跟中央一样不大摸底。

所以只能根据以往的主观认识，以其昏昏使人昭昭地胡说两句了。

重庆政治经济地位的持续上升，应该不是问题，不会随着外界因素的改变而突然中止。所以重庆的房价还有上升空间，这一点倒不完全是媒体在忽悠老百姓。媒体也经常说实话，只有经常说些实话，才能顺便把谎话搭售出去哦。

根据你的情况，已经可以买半套房，将来又确实需要扩大居住空间。现在按揭购房，不会影响生活质量。那么，就应该果断买一套大房子。即使房价将来下跌，你也不过是在钞票上亏了点。根据经济学原理，你的"机会成本"其实没有亏。何况，这种情况的概率是比较低的。

有了舒心的房子，让孩子有地方住有地方玩，这就是最大的赚。而患得患失，耽误了眼前和未来的生活质量，即使钞票上增值了，那也是亏啊。

谨供参考，顺祝居祺！

第七章

我们的时代

[■?■] 我们的时代

⊙ nickye689

　　孔老师好，关注您的微博多年了。想问您一个困惑我多年的问题：按照中国目前制造财富的能力，中国人的生活应该比较幸福，新闻上也是这样宣传的。但据我观察，周边很多人生活并不如意，做生意能挣钱的极少，多数亏得一塌糊涂，打工又只能吃青春饭，老无所依，危机感很强。现在，很多人更是沉迷于赌博、炒股、放高利贷，想挣快钱，结果更是把家底输光。想问问您我观察到的这种情况是否属实？如这种情况属实，您认为这是社会发展的必然现象，还是政府管理政策失误所致？谢谢。

孔庆东

　　您的观察力不错，基本属实，只是可能略有夸大。

五十五岁 花满天

要看到与大多数国家相比,中国民众也有自得其乐的一面。目前中国老百姓生活的浮躁、恣睢和危机,原因是多方面的。一是部分政府管理的失职;二是部分民众心理趋向极端个人主义;三是部分不良媒体隐善扬恶,谣言满天,催人沉沦;四是全球资本主义恶性膨胀,灾难遍及各大洲,几乎没有一个国家够得上"幸福"二字。我们可能还要在这个野蛮的时代,边走边唱很多年也。

应该怎么比较?

⊙ 天王盖地虎 huhuhu

　　"作为全球最赚钱的公司,苹果的市值在本月超过了8000亿美元,眼下仅比中国五大银行的总市值低不到2%。"您好!孔老师!看到这个消息有说不出的滋味,羡慕嫉妒不恨呐!国家设立每年5月10号为"中国品牌日",能切实为中国小微企业带来好处吗?望老师能深层次剖析一下这个问题。谢谢您!

孔庆东

　　我也刚看到这个信息。

　　人家能赚钱,那是人家的本事。咱们羡慕嫉妒恨,那么就应该奋起直追呗。

　　至于中国的小企业,不能直接跟人家苹果比啊。咱应该跟国外的小企业比。

　　这么一比,相信你会有一番崭新的见解的。

[🔲❓] 花钱不方便怎么办？

⊙ 不可随意之云在青天

孔老师好，我是国有商业银行的一个基层机构负责人，最近有一个问题特别困扰我！十八大以来，中央加大了反腐力度，尤其是去年以来，金融领域的反腐力度也持续推进，上级党委对涉及"四风"和中央八项规定精神的财务管理更是高度重视，依照现行规章予以严格管控。作为党员我对此坚决拥护和支持！但在具体工作中，基层机构开门七件事，哪个不需要用钱？我们是以效益为中心的企业，又有哪个事不需要钱？严格的财务制度已成为正常经营管理工作制约因素，比如禁止公车私用，公车几乎全部收走，但我们的客户遍布城市各处，有时坐公交一天也办不成一个业务。而且与各成分的商业银行比，我们的服务效率和服务形象也大受影响，等等。有时员工为工作不得不自己垫钱，但这也不是长久之计啊！一方面是上级党委的严格要求，一方面是千变万化的实际需要，当两方面出现矛盾时，为难的就是基层的工作人员。这种情况，有什么好的解决办法吗？

孔庆东

此种情况，不止贵单位一家。我们高校，也有很多类似问题。比如报销个打车的钱，要填写从哪儿到哪儿，干啥去了。报销个吃饭的钱，要填写为什么吃饭，跟谁吃饭，吃的啥饭。弄得大家干脆不报销了。

但是这些麻烦，大概是任何整顿之初，都可能出现的死板教条。随着给基层带来的不便，群众自会提出各种意见，这些意见，会促使他们做出比较合理的调整。

所以，一方面要遵守，一方面要反映，世界就是在磨合与斗争中前行的。

[❓] 悄悄问圣僧

⊙ 人生二百年水击三千里

群众是不是不可教育的？今天听到一首歌《社员都是向阳花》，旋律很美，歌词很棒。其中有一句"不管风吹和雨打，我们永远不离开她。"历史证明，用不着雨打，只消风稍稍一吹，向阳花们就离开了她。我生也晚，大胆推测，即便是毛主席时代大多数群众喊了很多口号，看了很多样板戏，唱了很多红歌，但都是小和尚念经有口无心，并不真的理解毛主席。难怪郭老说千刀万剐唐僧肉，群众也许是不可教育不可提高的。

孔庆东

这不赖群众啊。

群众是需要组织的，组织是需要核心的，核心是需要雄才大略的。

那么你看，是不是首先组织出了问题啊？

群众的缺点，伟人都看得很清楚。既然看清楚了，多骂也没用，关键是把组织整好。

唐僧虽然思想有问题，但坚持取经，绝不回头，连女儿国都挽留不住他老人家。这就是一个优秀的共产党员的品格呀。

群羊走路靠头羊，救中国靠的是共产党！

巍巍高山须敬仰

⊙ 江津问渡

如何评价张钦礼同志？

孔庆东

一、根据目前我们所知道的张钦礼同志的事迹，可以判断出，这是一位像焦裕禄同志一样伟大的共产主义战士。

二、正是因为有了千百个焦裕禄、张钦礼这样的共产主义战士，我们的国家才能在一穷二白的基础上，通过战天斗地，改变贫苦的面貌，直到重新成为富强之国。

三、张钦礼同志的冤屈，典型地反映了时代的翻覆与正义事业的艰难。正如毛主席所说的，要坚持革命、坚持为人民服务，就要随时准备付出各种牺牲。

四、党中央核心领导，对张钦礼同志给予了高度赞扬，被颠倒的历史，总会被正义力量再颠倒过来。**黑恶势力往往在短时期内得逞，但从长时段来看，正义总会取得最后胜利的。**

五、在实现中华民族伟大复兴的征程上，还需要千百个焦裕禄、张钦礼这样的共产主义战士。有理想、有志气的青年朋友，应该向他们学习。

[■?■] 明天十万微庆典！

⊙ **互联 IT 最前沿**

如何看待 LG 新掌门人要缴纳 44 亿元遗产税？为何遗产税会这么多？据 LG 集团最新公告，新掌门人具光谟继承了其父具本茂 8.8% 的 LG 股份，成为了该公司的最大股东。然而这位新晋掌门人若想继承这笔巨额财产，首先得缴纳高昂的遗产税，他需要支付近 6.3 亿美元（约合人民币 44 亿元）才能合法继承这笔财产。对此，你有何评论？

孔庆东

这税不算高，这些钱本来就是人民的。

按照血缘关系继承财产，是人类社会最大的腐败！

[■?■] 角度

⊙ **感情别不提**

2 岁儿子被咬，父亲当街摔死泰迪犬，对于这位父亲的行为你有什么想说的呢？你能理解吗？

孔庆东

要看你是站在这位父亲的角度，还是站在泰迪父亲的角度哦。

[?] 看清现实吧!

⊙ 微博问答

　　换一个城市生活，到底有多难？当你因为工作、恋爱、结婚而离开打拼多年的城市，到达另一个陌生城市生活，你是否担心？担心没有亲人和朋友，自己会孤独；担心人脉关系要重新建立……你有过二次选择长居城市的经历吗？

孔庆东

　　一点都不难。

　　现在所有的城市都越来越相似。

　　现在所有的亲人都越来越疏远。

　　所谓陌生，所谓担心，可能都要成为生僻的文言文词汇啦。

[?] 儒家思想与社会

⊙ 蓝天白云 51001

　　孔老师好！最近几个月与劝学群友同读经典，大家互帮互学，四书五经中的四书快读完了。但随之心中疑惑渐起，儒家的仁义道德修身养性对个人来说是有好处的，可对这个社会或时代来说，能解决根本问题吗？毛泽东时代并没有让我们读四书五经(虽然主席自己是熟读的)，却在很短时间内造就无数英雄模范人物，极快地改变社会面貌，做到了孔夫子向往追求而没做到的事。由此想到毛主席他老人家是怎么做到的呢？面对当今国际国内的复杂局面，我们除读书外还应该做些什么？谢谢孔老师！

孔庆东

感谢您经常提出高水平高质量的问题，这次的提问尤其有分量。

首先，儒家的仁义道德修养，不仅对个人有好处，同时也对社会有好处。中国古代社会，也是用儒家思想来构建的，当然不仅仅是儒家思想，还有法家思想等。所以，同样是封建社会，中国的古代就比其他国家的古代要好很多。

其次，古代的美好思想理论，即使在古代，也自有其局限性，不可能完全实现，到了当代，就更需要扬弃和转换。毛主席就是扬弃和转换的大师。毛泽东时代确实涌现出无数贤良之士，但那不是因为抛弃了儒家思想，而恰恰是因为创造性地转化了儒家思想。或者用个不完全恰当的比喻：毛泽东思想，就是马列主义化了的儒家思想。毛泽东时代尽管也不尽善尽美，但那些主流的社会风貌，不恰恰是儒家所提倡的仁义礼智信吗？不就是"五常大米"吗？

最后，面对当今也好，面对历史也好，单纯读书当然不够，而且还可能读傻了。毛泽东不见得是党内外读书最多的人，但他是将读书与实践结合得最好的人。就这一点来说，毛泽东超越了孔子、鲁迅和马克思。所以我们除了读书之外，一定还要根据自己的能力和环境，积极参与社会实践，积极投入人生。

社会和世界的改变，来自于我们每一个人的添砖加瓦。"当世界向你微笑，我就在你的泪光里。"

柳絮

⊙ 情侣同居后

大学毕业后，为什么同学之间差距越来越大？

孔庆东

读大学时，同学都是飞在空中的柳絮。

毕业后，有的柳絮飘落到中南海的雕梁画栋上，有的柳絮飘落到门头沟的路边茅坑里。

以法治国

⊙ 小蚂蚁拽拽的

为什么大城市亲戚间串门很少了，是因为大家都忙于工作吗？

孔庆东

因为以法治国了。

人与人，越来越趋于简单的法律关系。

连一家人都不怎么说话了，有事儿都问孔和尚，谁还傻了吧唧串门啊？

我问小狼，你有亲戚吗？

小狼一脸茫然。

因为它是畜生，尊重法律就可以了。

[?] 一说便假

⊙ 以柳晓山

想告诉身边的人我爱你，但是我爱你太过直白无味了，还可以怎么表达？

孔庆东

能不能放弃这种思维？

表白是一种很低级很恶劣的时代弊病。

如果当真有爱慕之心，对方总会感受到的。

而只要你一说出来，顷刻就贬值了。

郭靖从来没有对黄蓉说过"我爱你"，不是因为直白无味，他们连这句话的各种变体也都不会说的。

因为只要一说，便是假的。

[?] 美德与缺德

⊙ 全球武器秀

如何看待南宁一个老人乘地铁不坐空位，指定女子让座，男乘客指出反被骂。5 月 28 日，早上 8 点多，老人从南宁地铁 1 号线的动物园站上车，老人一上车就想坐在 Y 先生的对面坐席，但那个坐席已经坐着一位女生，虽然旁边还有空位，但老人指定要坐在这位女生的座位上。你怎么看？

孔庆东

让座是美德，不是义务。

没有任何人有权要求别人表现美德。

要求别人表现美德，就是最大的缺德。

[?] 历史真相

⊙ **八卦的鱼 6666**

诸葛亮为什么不去投靠实力更强的曹操和孙权,意欲何为?

孔庆东

你读过孔和尚的大作《诸葛亮出山》吗?

诸葛亮也不是没有考虑过到曹操或者孙权那里就业，但是曹操那里要求托福满分，而孙权那里要求有五年以上实际工作经历。

[?] 法律与畜生

⊙ **爱问的皮卡君**

【用肇事车送伤者就医，被判全责】究竟是送医重要还是保持现场重要? 近日，新疆乌鲁木齐，司机加速超车时，将一横过马路的4岁男童撞倒后又卷入车底碾压，导致男童身体多处骨折。司机用肇事车，将小孩送医。交警表示：司机变动了事故现场，未做标记，将承担事故全责。对此你有何看法？

孔庆东

当法律不健全的时候，我们应该选择在道义上做一个有良心的好人。

其实法律是永远不会健全的，万事都拿法律说事儿，人就成了畜生。

对得起天地良心，此乃人伦之本。其他都是皮毛细节也。

条件

⊙ 小达人看热点

中国孕妇泰国坠崖系丈夫蓄意谋杀，你震惊吗？如此反转给了你哪些警示？6月18日，据《曼谷邮报》等媒体报道，警方称中国孕妇坠崖并非意外，妻子指控丈夫蓄意谋杀。6月9日，夫妇在泰国游玩，妻子坠落高崖，当时她在医院质问丈夫引怀疑。目前她表示自己是被丈夫推下。6月16日，警方将男方逮捕。

孔庆东

孔和尚多次在各种场合，谆谆教导广大人民群众：第一，不要立即相信任何突发新闻事件的报道。第二，也不要立即相信第二次的反转报道。第三，尤其不要相信那些新闻评论大 V 的振振有词的分析。

可惜大多数人的初中数学素养，都抛到九霄云外去了，好像连什么是已知条件，都忘了。

[?] 四条最主要的

⊙ 依瑶涵菱

清政府是怎么走向灭亡的呢？清政府是如何一步一步崩溃的？

孔庆东

一、腐败，全国黄赌毒。

二、丧失血性，所有商贸战、文化战都以屈膝投降解决。

三、残酷压榨人民，苛捐杂税，多如牛毛。

四、用人颠倒，汉奸当大官，英雄沉下僚。

[?] 不要做信息的奴隶

⊙ 归来不服输少年

你期待5G吗？3G时代是一个图片年代，4G时代堪称视频的时代，即将到来的5G时代，又将是怎样的呢？如果有关于5G的抢先体验，你会第一时间参加吗？

孔庆东

社会上炒作5G，你就跟着人家念叨5G。

你的心灵，啥时候才能让自个儿承包一段啊？

比如说当俗人们都嚷嚷着5G的时候，咱们能不能想一下

8G 的事儿啊？

[◼**?**◼] 枪毙

⊙ 喵星人的轶闻世界

　　小学生视力低于 5.0 不能评三好的规定是好是坏？青少年应如何保护视力？近日，网曝杭州西湖区三墩小学规定，学生两眼视力低于 5.0 不能评三好学生。27 日，杭州市西湖区教育局表示，学校制定关于眼睛视力的评选标准也是希望学生全面发展，同时引起家长在这方面的重视。你怎么看？

孔庆东

　　三好学生的提法，来源于伟大的教育家毛泽东。

　　毛泽东所说的三好，第一好就是身体好。

　　一个小学生，人类的知识还没有学到九牛一毛，视力就已经搞得那么低，那我们人类还活个什么意思？这怎么能算身体好呢？

　　小学生如果近视率超过 10%，这个国家的教育部长，应该枪毙。

[◼**?**◼] 打捞起来

⊙ 寻牧人 _

　　面对痛苦的现实，出路在哪里？孔老师您好，我是一名大学生，上大学以来，周围的环境让我感到非常难受，我想向您提个问题。一是我发现现在自杀的、得精神疾病的人越来越多。在我大二那年，我们学校有两人自杀了，到了我大三，仅一学期中的两个月就听说自杀的学生已经有四人，学校的处理也让人非常失望与不满。最近也听说，我以前认识的一个学妹由于家庭原因，患上了重度抑郁症，家人搞传销砸了很多钱进去，家境也不好，最近她和家人吵架后割腕，被送进医院，医院就主要以开药以及吊盐水的方式进行治疗，可我知道这根本治不好抑郁症！她住院花了很多钱，也在问我们借一些钱补贴家用。可我觉得光借钱不能从根本上解决问题，我该怎么做呢？二是我们即将步入社会，可我感到我将面对的是一个大熔炉，自己好像没有能力去做什么。我以前受环境影响，一度堕落，非常痛苦，想要逃避现实，可是不知道逃到哪里去，后来找不到出路只能越来越麻木，以适应这个环境，可自己心中经常感到深深的痛苦，后来关注到了孔老师，也看了孔老师的文章，还有别的书，让我有很多新的认识，想要做出改变，可是以前的错误观念，导致我现在前进动力不足，自己还是很麻木、自私，很多时候是对现实的厌恶在驱使我前行，可是这个动力并不持久，害怕有一天还会继续堕落。孔老师，我该怎么做，去帮助身边的人、更多的人，也帮助我自己从痛苦中走出来呢？

孔庆东

青年学生中，自杀者和抑郁症患者逐年增多，这是社会性的问题。

说到你想要改变社会的心情，这是非常宝贵的。但是作为一名普通青年，**不能好高骛远**。千里之行始于足下，是我们应该经常念叨的一句俗语。

我们手里没有火炬的时候，打开自己的小手电，照亮自己的身边一点点空间就可以了，能帮自己就帮自己，能够多帮三五个人，就更应该相信自己的力量。

不要因为黑暗茫茫无边，就胆怯，气馁。也不要幻想，立刻就能迎来光明。当你觉得前行动力不足的时候，那么就休息一会儿，充充电，吃点饭，然后站起来，你会觉得比先前更有力量了。

光明好像泰坦尼克号，早已触礁沉没了。不过它仍然存在，只不过是静静地睡在海底，需要我们有力量、有智慧、有耐心，那么终有一天，会把它打捞起来的。

国军的办公室主任

⊙ fan 乘风泛舟 ruan

什么是好的办公室主任？孔老师又来请教您，上次您对我的提问所做标题"你是光荣的战士"。我很荣幸得到孔老师的指点和表扬。我身为工程类国企办公室主任，在工作单位一直践行为人民服务的思想，努力服务好大家，并做好统一战线让大家团结起来，也得到了总经理的表扬。如今遇到了瓶颈，领导班子觉得我所做之事，一是不够高度，没有分公司办公室的腔调（上海话），从外在讲这与长期一线工作的不修边幅有关，还有在接待集团领导时的生疏，在酒桌上都听不懂话。二是常有自己的思想，领导班子认为办公室不宜表露主见，而是服务好领导，如果我没有自己的见解，我怎么改变国企的国军化，这不是废我的武功吗？这是在夜宵时，总经理和副总对我的批评，这与国企书记的无能也不无关系。其实我和公司里的人关系都还不错，领导也认为我为人是没有问题的，也才会放心大胆地希望我更上一层楼，倘若他们是国军将领，我也算是打入内部了。从他们的表述中我也理解现在接工程项目等于要饭，不参与政府的勾心斗角都难，我也理解领导们的处境和苦衷，政府官员在桌上吃饭派系斗争严重，每一句都有用意，我真心反应不过来，都不知道说什么，连我的领导们这么多年的老江湖也深感厌恶。我也更加理解了当初别人对我的迫害，没有人想故意害我，这是生存环境造成的迫害，迫害我的人也被更高一级的人迫害，也很痛苦。另外我发现总经理对我说做事要靠本心，似乎暗示我要放开点手脚，隐隐地觉得他对我期望越来越大，似乎也有难言之隐，应该还是与书记的无能有关，他也只能批评到我这层了。我真心地感到彷徨，我好怀念在基层无忧无虑的岁月，但我知道我不能退，风浪已经来了，我不是舍不得我的位置，而是毕竟我做办公室领导的日子大家是有改善的。孔老师您见多识广，你认为好的办公室主任是什么样子的？我在这种情况下怎么突围呢？我还要说句话，我其实不应该这么麻烦您的，工作是自己的事情，我没有做好我的本职工作。

 孔庆东

你这次的提问，情况叙述得很清晰，但是对问题的概括不准确。

你问的并不是一般意义上的"什么是好的办公室主任"，其实你要问的是——杨子荣在威虎山上，如何当好办公室主

五十五岁**花满天**

任——对吧？

你的问题，可以拆解成两个层面来分析。

第一，假如你不是杨子荣，而只是一个正常的国军的办公室主任，你目前在领导的眼中不是十分称职。但是，你不太称职的原因主要是由于经验不足，所以并不需要十分担心。只要你明白了自己的缺陷，主动熟悉环境，熟悉上级下级，知道了如何在这个岗位上，搞好与方方面面的关系，那么，做一个合格的，乃至比较优秀的国军办公室主任，还是比较容易实现的。

第二，你的主要纠结是，一方面想做好国军办公室主任，另一方面还想同时做一个优秀的杨子荣。那么你就必须考虑清楚，杨子荣与办公室主任的关系。要想出色地完成杨子荣的任务，就必须先做一个优秀的办公室主任。**如果杨子荣得不到座山雕和八大金刚以及众多小匪徒的信任，那么他就不能完成自己内心赋予的神圣使命。**

因此，在工作层面上，你应该按照国军的标准去塑造自己。你既然是座山雕的办公室主任，那么在座山雕与许大马棒以及侯专员的复杂矛盾中，你当然应该站在座山雕的立场，维护你们威虎山的利益啦。

你看《林海雪原》中的杨子荣，不就是把栾平的先遣图弄到手，献给了座山雕吗？另外，杨子荣每天还给土匪们讲很多的黄段子，赢得了众多土匪的热烈拥护。杨子荣的这些行为，都需要你认真思索呀。杨子荣再英雄再智慧，也不可能靠自己一个人的力量，赤化威虎山。

同样的道理，你也不可能把整个单位，和平演变成你所希望的样子。你应该实事求是，有多少热，发多少光。不要给自己规定政绩的数量和规模。只要仰不愧天，俯不愧地，从根本利益上对得起人民，那么，你就还是一个光荣的战士哦。

相信自己，相信真理，慢慢拱卒，天天见喜。

[❓] 取舍

⊙ 幼丝幻翠

什么原因导致现在很少有人能静下心来阅读呢？

孔庆东

因为：静下来就会减少收入。

读本书就会耽误商机。

但是：舍不得孩子套不住狼。

舍不得物质，就得不到精神。

第八章

是谁在保卫你

吃鱼吃肉

[?] 神农的临终遗言是什么？

⊙ 到底让换昵称吗

请问孔老师怎么看待这两年比较火的宫颈癌疫苗？我认识的一些人打了，但我简单看了一些支持的和反对的材料，都没有特别引人注目的论据，关键我记得您说过不要乱用比较新的疫苗，所以我劝说好朋友和亲属，没让她们打。

孔庆东

你这个问题非常好，你自己也已经做出了判断。我利用一个比喻，来帮你巩固这个判断，并扩大一下这个判断的意义吧。

当世间出现一种新的食品，有人说有毒，有人说没毒，双方都没有能够完全说服你的论据，处于相持不下的时候，你怎么选择呢？

难道说你选择首鼠两端？难道你今天吃明天不吃？难道你

早饭不吃晚饭吃?

正常的人都会明智地选择:坚决不吃。

因为我们的目的不是要跟谁辩论,我们的目的是保卫自己的生命!对于保卫生命来说,可疑就是最大的证据。

在保卫生命的问题上,不是百分之百的可靠,那就是百分之百的不可靠!

当然,如果你立志当一个神农,愿意为中国人民尝百草,那我们非常尊敬你!据说神农临终的最后一句话是:

这个,草……有毒!

[?] 特朗普会伺候金正恩吗?

⊙ 江津问渡

本想等到 598 元时再提问,憋不住了。如果孔老师是特朗普的话,在这样一个地缘政治格局,会和默克尔在美国握手吗?

孔庆东

话说特朗普这厮,乃是美国历史上最最风格独具的总统,记住,他绝不是表面上不拘小节莽撞斗狠的二百五。美国统治集团最后选定他来当这个"蜥蜴殿",是绝对深谋远虑的。

特朗普可以做出任何事情来,别说跟默克尔握手了,给金正恩捏脚,他都干得出来!但是乡亲们千万别被他的装疯卖傻给欺骗了,特朗普大叔,才是真正的理性硬汉,才是伸缩自如的优秀战略家。

在美国经济一片低迷,中国颤颤巍巍就要崛起的关键时刻,特朗普以连环醉拳,挺身而出,他要为美国人民扛住黑暗的闸门,让那些红脖子大汉和他们的合法非法子孙后代,继续骑在全世界人民头上,作威作福也。

[?] 给美国梦点个赞!

⊙ 央视一套禁播广告

廖子光说:"美国导弹防御体系迟早会建成,那时候中国现在的国防体系就无效了。它会打击中国一两个大城市,然后让共产党下台,让美国的代理人上台,使中国改变外交政策,美国就可以控制中国。"按美军现在的发展进度,您觉得美国何时会图穷匕见?到那时您会如何应对?(选答问题)当此乱世,您对您的粉丝有什么建议吗?

孔庆东

哈,这大概就是美国梦吧。

美国梦总是很可爱的。

不过,美国梦总是建立在科技进步的空中楼阁中,而西方人心目中的科技进步,不过就是杀人放火技巧的提高而已。

倘若武器的进步就能征服中国,那么当初机关枪发明的时候,中国就该灭亡了。从机关枪、迫击炮,到轰炸机、核潜艇,都没能灭亡中国,而到处称霸的美国,却让它的人民世世代代吃着热狗、汉堡之类的垃圾食品。所以说美国梦确实是非常非常可爱的。

现在确实是乱世,这一点你说的对。但正因为是乱世,人生才更有意义。倘若一出生就遇到共产主义实现了,那还有啥意思啊？

所以人生的意义，或者说当一名孔粉的意义，就在于跟着孔和尚，把这乱世，建设成共产主义。让未来的人类，羡慕死咱们吧！

[■?■] 是谁在保卫你吃鱼吃肉？

⊙ 心惊报爱造窑

孔老师，问一个冷门的问题。您如何看待这个最牛"80后"统治下的朝鲜？我们对朝鲜的评价往往都是独裁，穷，吃不饱，世袭。可是我们了解朝鲜的报道为何都是日本的《朝日新闻》和韩国的《朝鲜日报》呢？据说朝鲜没有房奴，而且实行了12年义务教育。这些让人觉得不可思议。孔老师您能不能给我们讲讲真实的朝鲜？朝鲜最近频射导弹,他不怕美国对他下手吗？如果美国出兵朝鲜,我们还会不会像当年一样抗美援朝？谢谢！

孔庆东

好，你的问题虽然一大串，但合起来，就是一个完整的如何看待朝鲜的问题。特别应该表扬你的是，你知道世界上大多数人民所获知的朝鲜的信息，都来自朝鲜的敌人，来自帝国主义及其走狗的媒体。

当然，智慧的人，透过这些谣言，仍然能够判断出一部分真相。

而愚笨的人，即使亲自去过某地，也看不到该地的真相。就如同某些港台同胞，来过北京多次，仍然认为北京人民吃不

第八章
是谁在保卫你吃鱼吃肉

197

起茶叶蛋，而街头跳舞的大妈，都是在共产党暴力逼迫之下，强颜欢笑，去粉饰太平的。

关于朝鲜的问题，一言难尽，你可以阅读孔和尚许多涉及朝鲜的文章和发言。这里简单说几个要点。

第一，朝鲜在金日成时代，曾经是世界上最发达、最幸福的国家之一，生活水平不但甩韩国八条街，而且比中国比日本都强，工业化、城市化超过了70%。但是这在很大程度上依赖社会主义阵营的国际贸易体系，一旦体系崩溃，朝鲜自身的资源匮乏，就必然陷入困境。

第二，当朝鲜发生经济困难时，韩国已经在美国扶植下迅速虚胖起来。此时的朝鲜没有屈膝投降，而是在金正日领导下，艰难行军，度过饥荒，维护了整个朝鲜民族的尊严，也维护了社会主义的尊严，让不要脸的大哥和二哥无地自容。他们恼羞成怒之后，进一步跟帝国主义勾搭在一处，企图联手扼杀这块社会主义净土。

第三，金正恩从父辈手里继承的，已经是一手烂牌，国际形势更加严峻。但是朝鲜人民看得很清楚。对美国妥协，就是死路一条。萨达姆、卡扎菲等人的命运，证明了只要坚决抗美，安安全全；只要软弱认怂，马上完蛋。所以朝鲜人民选择了宁愿站着死，绝不跪着生。这是一种文天祥的精神，是亚洲文明最可宝贵的精神。

第四，朝鲜并非所有的做法都是我们赞同的，有些路线有些国策可能并不正确。但那是人家朝鲜人民自己的选择，他国可以议论，可以批评，但无权干涉。当一个忠心耿耿的小弟，反复被大哥二哥出卖来出卖去之后，小弟为了保护自己的生命和尊严，毅然在腰里挂了两枚手榴弹，这有什么可指责的呢？

第五，一旦朝鲜被美国拿下，中国人民很快就要大祸临头。正是当年英勇的抗美援朝一战，保证了新中国的和平建设，朝鲜人民殊死守卫的三八线，保证了中国人民今天吃鱼吃肉跳广场舞。当有一天鸭绿江对岸站满了美韩士兵时，无数中国青少年，想吃矿井下的煤块，都可能排不上队也。

〔■?■〕为虺弗摧，国家悲催！

⊙ 赤恩 ying

　　孔老师，您好！谢谢您的答疑解惑，您的回答让我少了迷惑。结合新闻向您请教一下，看到新闻中公之于众的"大老虎"的履历，发现一部分"大老虎"的贪污受贿行为的时间跨度长达十年左右甚至以上。那么，产生的疑惑就是，为什么这些"大老虎"能够一边腐败一边晋升呢？为什么当时不能够防微杜渐呢？

孔庆东

　　你的这个提问，态度非常严肃，忧国忧民，但是逻辑上似乎思考不细，其实冷静下来，自我反问一下，就不难明白喔。

　　假如像你所说，那些大老虎当初微微腐败一点点，就被发现处理了，"防微杜渐"了，那他们怎么会成为"大老虎"呢？既然是大老虎，就必然有一个养虎遗患的比较长的时期哦。所谓为虺弗摧，为蛇若何哉！

　　当然，不计较你的表达逻辑，可以看出你真正气愤的是，为什么竟然出现了这么大的老虎，难道他们还是小虎崽子的时候，有关部门都睡着了吗？

你还真说对了，他们就是睡着了。说得冠冕堂皇一点，他们那叫韬光养晦的。几十年来，豺狼虎豹都雄姿英发起来了，大口吞噬着人民的血汗和社会主义的家业。鲁迅说：狼子村现吃！通红崭新！幸亏党中央勇士断臂，开始扫荡这些虎豹豺狼了。虽然晚了点，已经养得太肥壮了，但总算合乎民心，顺乎天意也。

不过咱们也不要过分高兴了，只打老虎，不铲除老虎长大的根基，不改变错误的反人民的路线，不重新提倡为人民服务，那么打掉一批还会再来一批。

[?] 火眼金睛，不是在老君炉里炼成的！

⊙湘江东爸

看孔老师的微博，有一种不同的感觉，既有家国情怀，又有浓浓的生活气息。更多的时候，刷多了微博，总有一种多事之秋的感觉，有时仿佛天都要塌了。刷朋友圈，又是另外一种感觉，大多在晒吃喝玩乐，幸福感满满。特别是暑期，仿佛满世界都在亲子游。回到现实中，医院还是那么拥挤，菜市场还是那么热闹。现在，获取信息的渠道很多，每天接触的信息也很多，但有一种杂乱无章的感觉，看不到本质。孔老师，我们现在的形势是大好还是小好？我们遇到的挑战，是大麻烦还是小麻烦？有的人讲，看不清外面的世界，干脆盯紧自己的一亩三分地，不理外界的纷纷扰扰，这样可取吗？作为一名普通人，面对扑面而来的信息，怎样才能炼成火眼金睛，透过现象看本质？

孔庆东

你又来提问啦，你的提问围观率很高，好像能达到千人以上，很有本事哦。

你的感觉是准确的，当前的世界，的确是月儿弯弯照九州，几家欢乐几家愁。即使一家，也可能今天明天不一样，忽而高高兴兴亲子游，忽而一夜回到解放前。

质疑好不好，要看你站在什么立场。我接触的三教九流的人，大多数认为好坏参半。

当然，也可以不考虑这些国家大事，躬耕于自己的一亩三分地即可。不过，倘不甘于平庸，非要炼成什么火眼金睛，那倒确实不容易，那就要多看孔和尚的文章和微博、发言和讲座。看了这些还不够，那就要再看比孔和尚更牛的一些人的东西，比如孔子、鲁迅、毛泽东了。

看书之外，还要投入火热的现实斗争，跟阶级敌人和民族败类进行各种形式的拼杀和肉搏。在大风大浪中经风雨见世面，慢慢就可以进退自如，一边家国情怀，一边生活气息，仿佛置身于论语或者鲁迅全集之中了。

[?] 谁说愚昧就会被屠杀？

⊙ **范翰墨**

我的后妈（今年50多岁，曾在国有工厂上班）认为非洲是一个国家，我跟她说非洲是一个大洲。她问我是小米粥还是绿豆粥？（真的不是开玩笑，我们当时都是很严肃的！）我当时差点气晕过去。（一点不夸张，是真的哦。）现在想起来还生气呢。就是这么愚昧的民众，怎么会不被帝国主义屠杀？（没有优秀的文艺作为灯火引导国民前行，国民就会如此愚昧。）好吧，孔和尚，我承认我也许想得过分了！上次北京一别，好长时间没看见你了，挺想你的，花388元向你提个问，听听你亲口跟我说的话吧。我想问你的是让鲁迅出离愤怒的除了残暴的敌人是不是还有愚昧的群众？

孔庆东

　　谢谢你真诚的提问！也谢谢你惦记着我，虽然我都忘了你是哪一位了。

　　你通过自己亲人指出的民众愚昧的现象，是普遍存在的。不但你的母亲如此，许多人的母亲都差不多，我的母亲也类似。比如说吧，我父亲是老八路，按道理我母亲起码应该知道八路军跟红军、解放军、志愿军的区别吧？但是她老人家就愣是不知道，一会儿说她老公是红军，一会儿说是革命军。非洲她倒是知道，但是觉得离通州肯定不太远。

　　愚昧问题，咱们的看法一样，咱们跟鲁迅等前辈也差不多。但是你说愚昧就会被屠杀，这可能就思考欠周密了。试问，美国人民不愚昧吗？美国人的地理知识可能是全世界最差的，他们认为非洲就是一个巨大的动物园，中东就是一个大油田，中国就是一群拖着长辫子、长长的指甲里藏着毒药的会功夫的熊猫。日本人也简单得特别可怕，中国20世纪70年代流行的打鸡血、红茶菌，还有90年代马俊仁宣传的中华鳖精，至今都有大量的日本拥趸还在用。

但是,这并没有影响美国和日本去屠杀其他国家的人民啊!你以为那些烧杀抢掠的日本鬼子,文化水平就比中国人民高?其实也不过是一群日本脑残农民罢了。

所以,国家是否被侵略,跟人民的文化水平没有必然联系。毛主席的军队打遍列强无敌手,那些战士也不一定知道非洲是怎么回事啊。

当然,我们应该努力提高人民的文化水平。但是比这个更重要的,是要爱那些"愚昧"的人民,智和愚是相对的,我们自己也往往是愚昧的。

亲人无论智商怎么样,我们都应该爱他们。同理,对待我们的同胞,无论他们是阿 Q 还是祥林嫂,我们都要像雷锋对待过马路的老大娘那样,怀有一颗春风般的心。那样,我们的中华民族就会团结起来,强盛起来。文化知识什么的,就都是小菜一碟啦!

[■?] 幸福在哪里?

⊙ 到底让换昵称吗

孔老师,中国的前途在哪里?

孔庆东

前途在哪里?朋友我告诉你。

它不在柳荫下,也不在温室里。

它在辛勤的工作中,它在艰苦的劳动里。

啊!前途,就在你晶莹的汗水里。

啊!前途,就在你晶莹的汗水里!

前途在哪里？朋友我告诉你。

它不在月光下，也不在睡梦里。

它在辛勤的耕耘中，它在知识的宝库里。

啊！前途，就在你闪光的智慧里。

啊！前途，就在你闪光的智慧里！

[■?■] 怎样切换？

⊙ **李雪莲在拉萨**

这样走路对不对？尊敬的孔老师，您好！我个人爱看科幻作品，也爱看孔门作品。思想上常常在"人类作死，这个世界终归要灭亡"和"这个国家社会我们每个人要努力让它变好"中切换。仿佛觉得哪里不对，又不知问题出在何处。还请老师示下。

孔庆东

切换，是人生中经常要做的事情，这完全是正常的和普遍的。切换本身没有对不对，但是有好的切换和不好的切换，高级的切换和笨拙的切换。

比如你的第一种想法，这是很多人都有的。不过我理解为一个假设复句，即"人类如果继续这么作死下去，那么世界终归要灭亡。"

这样，就会很自然地切换到你的第二种想法。如果我们不希望世界灭亡，应该怎么办呢？那就是"我们每个人要努力让它变好"呗。

有第二种想法的人可能不如第一种想法的人多，但是数量也很巨大。这两种想法合起来，支撑着人类社会战胜艰难险阻，不断前进。

其实，鲁迅就是告诉我们第一种想法的人。如果我们都是阿Q、祥林嫂、孔乙己、假洋鬼子，这个世界就完了。

但是毛主席帮我们切换到另外一个频道，我们中涌现出大量的雷锋、王进喜、陈永贵、焦裕禄，于是我们的天地就光明起来了。

光明起来了，就不会再产生阿Q、阿义、康大叔了吗？就不会有人把王进喜打出的石油、陈永贵打出的粮食据为己有、再献给美国吗？

所以，我们可能还是免不了要切换哦！

[■?■] 农村的关键问题是什么？

⊙ 人生二百年水击三千里

该怎么帮助你们，我的农民兄弟？报告孔老师，我下乡一个多月。走访了41户，邀请3个村中长者开了1次调查会，与村镇干部多次交谈，真是让人忧心忡忡。村里青壮年几乎都在城市打工，劳动力缺乏。农民手中的耕地山林等生产资料的价值被严重估计。村民组织涣散原子化，村民头脑中全无理论武器。一句话，农村沦为城市的附庸。怎么办？蹦出来的第一个念头就是，丰富村民文化活动（老百姓精神生活太贫乏了，除了麻将就没有了，说来也是奇怪，这么大的问题好像没有人关注）。我打算夏天自己买个投影仪去给村民放电影，放适合老年人看的《地道战》《地雷战》之类的，买个随身话筒、电影放完趁机讲十分钟政策，比如今年中央一号文件中关于农民合作社的政策等。次数多了，能营造气氛发现观众，万一能有机会讲到芳草滩蛤蟆地那真是阿弥陀佛。富脑袋才能富口袋。您看咋样？

孔庆东

首先，你讲的情况完全属实，千千万万个农村，现在普遍是这样，只有坚持集体经济的少数农村，另有一番气象。我也到过很多农村调查，并阅读过许多学者的调查报告和理论文章。

想要整体解决农村问题，不是三五个人能够做到的。但是你如果有志于进行一种实践，那也是很好的。不过你设想的实践方式，也只能从精神上和文化上给予在乡的老者以温暖和启迪，不要希冀能够解决他们的根本问题。

所以，你不妨先以这样的方式开始，在实践中寻找新的契机和路径。

如何让农民重新组织起来，才是解决三农问题最重要的路径。

你提到的那些文学影视作品，其实关键问题，就是组织。

希望你首先组织好自己的头脑，然后依靠组织，发展组织，健全组织，为我们可怜的农民兄弟略尽绵薄之力！

[？] 现代的精髓

⊙ 从菡访梦

什么才是中国哲学的精髓？中国哲学思想经过长时间的解

读，流传出了很多见解。你是如何看待哲学的？

孔庆东

中国哲学，在不同的历史时期，凝结成了不同的精髓。

到了现代中国，这个精髓就是：毛泽东思想。

[?] 基辛格是什么人？

⊙ 北岗 blog

基辛格说：一个根本性的问题在于，从总体上来说，美国人认为如果一个问题出现了，那么就一定能找到办法解决那个问题；而中国人却认为，问题不可能获得根本性解决，每一个解决方案都会引发新的问题。这是美中两国在思维方式上存在的差异。——如何解读基辛格说的这个差异？

孔庆东

基辛格是具有大智慧的政治家，他是跟毛主席握过手、盘过道的，悄悄得了毛主席真传的大哲人。

不过你转述的这段话，其内容并不完全合乎事实，美国人和中国人，都不是那个样子的。

如果基辛格说了这样一番话，那么他的目的，并不是为了描述事实，而是为了给中国人造成错觉，认为中华民族是一群自以为聪明的窝囊废，一群不想解决问题也不会解决问题的人渣。世界还得交给美国来解决，这正是基辛格的目的！

当然，美国和中国，都不乏这段话里所描述的那类人。但中华民族八千年历史证明，我们既能解决所有的问题，也从来不会认为解决了问题之后，世界就凝固，历史就终结了。相反，美国的两百年历史证明，一些美国人从来不想认真解决问题，遇到问题不是耍无赖，就是动刀子；而另一部分美国人认为，只要抢了一次，偷了两回，问题就永远解决了，世界就永远是他们家的了。

基辛格确实是具有大聪明的政治哲人，忽悠人的水平是超一流的。但是基辛格毕竟只有一个，而且他也改变不了绝大多数美国强盗和骗子的思维。因此，这段话可以给人的启示就是：美国是解决不了世界问题的，中国可以解决，但中国解决的只是问题，而不是世界！

【■?■】保持警惕

⊙ 喵星人的轶闻世界

我国杂交水稻在非洲创高产纪录，你怎么看？这对非洲有哪些意义？马达加斯加气候条件复杂，在袁隆平院士指导下，中国农业技术专家成功培育出 3 种适合当地土壤气候的高产杂交水稻种子。使用后，水稻产量达到每公顷 10.8 吨，远高于当地一般每公顷 3 吨的产量。未来，我国杂交水稻将有望解决非洲国家的粮食安全问题。对此，你有何评论？

孔庆东

我希望我们的农业技术，不只是为了提高产量，更重要的是保证人民的食品安全。

保证中国人民的安全之外，也要考虑广大的亚非拉地区人民的安全。

这就需要时时警惕，不要把科技上的杂交，变成伦理上的杂种。

[?] 你哈日哈晕了

⊙ **惠而好我 92**

当今日本那么多文学大家，中国为什么没有？

孔庆东

你的认识是错误的。

你错把受到媒体追捧热炒的作家，当作所谓文学大家了。

即使按照你的想法，中国的文学大家也比日本多 100 倍。

只是你读书水平太差，认识水平太低而已。

说白了，你哈日已经哈到了不知自己是谁的地步。

第九章
看一点儿
硬电影吧

家与国家的纠结

⊙高子一

孔老师您好！从鲁迅、金庸、张恨水……到《雷雨》《民兵葛二蛋》《红色娘子军》……已经听您品评了许许多多的优秀作品，这让我们在更深一层欣赏文艺的同时，学得了很多知识，懂得了很多道理，获得了很多快乐。另有一部也给无数人带来欢笑、令无数人百看不厌津津乐道的佳作——情景喜剧《我爱我家》，一直未曾听您谈及，非常期待能够有幸听到您对这部作品的品评。谢谢老师。

孔庆东

该戏是非常成功的家庭情景喜剧，既是借鉴了国外模式，同时又立足中国人日常生活，诙谐自然，表演生动，是非常值得回忆的九十年代的电视剧作品。

但是，该戏的成就背后，也隐藏着一些问题，这是一般的年轻观众体会不到的。

该戏1993年播出40集，1994年播出80集，时间正好是邓小平南方谈话之后，中国社会开始了大规模的私有化。数千万工人开始下岗，几亿农民开始陷入水深火热，大中小学开始接轨殖民洗脑。

此类作品，恰好配合了这一进程，用嘻嘻哈哈掩盖了现实中的残酷，把生活中的很多麻烦，巧妙归罪于毛泽东时代。特别是文兴宇老师扮演的退休老干部形象，滑稽可笑，虚伪无能，成为影射革命历史的一柄利剑。

作品的主题，是不论社会如何，反正我爱我家。爱家没有错，细节也真实。但这个主题本身，却不自觉地暗中担负了重大的政治使命。这就是文艺的复杂性，喜爱文艺的青年朋友，不可不察也。

[？] 男女平等可能是作秀

⊙ 大瘪大妮

孔老师您好，看过您的《百鸟朝凤》影评，非常深刻，您把我们模糊感到的一些东西描述得淋漓尽致。最近好几位朋友都由衷赞叹强烈推荐电影《摔跤吧！爸爸》，请问您怎么评价它。

孔庆东

这部电影我还没有看过，只看过一些片花和评介，因此现在不能进行"内部评价"。

文学艺术跟科学技术不一样，科学技术可以在毋需亲自实验的情况下，评价其真伪优劣，因为条件比较清晰简单。而文学艺术的层面有无穷多，没有看过就只能进行一点"外部评论"。

第一，印度电影是世界上很重要的一派，虽然烂片水货很多，但千军万马中总会抬出几员大将，达到全球大众文化的二三流水平。

第二，中国的电影市场已经吃腻了欧美日韩等国的各式套餐，不时需要更换一下口味，特别是在"一带一路"宏伟蓝图的背景下，需要消费一些第三世界的文化，来满足自己世界老二的可怜的虚幻感。今后不仅会有印度电影的爆冷，有一天印度尼西亚、尼日利亚的电影疯狂来袭，大家都不要吃惊。

第三，该片本身命中了当今各国人民的兴奋热点，主题对资本大佬无害，巧妙地回避政治，塑造了一个新世纪的灰姑娘大登殿，似乎在为妇女争取权利，这个秀作得非常漂亮，而实际上真正的英雄还是作为男人的老爸——正如鲁迅早就指出的，男人即使在生存竞争中失败了，他仍然还有希望，因为他还有老婆孩子垫底，还可以把老婆孩子整合成崭新的竞争资源呢。

[■?■] 组织上对不起余则成吗？

⊙ 北京农家饭

孔老师，俺也斗胆提个问，想请您评论一下经典谍战剧《潜伏》。首先，俺认为这是一部不错的电视剧，从剧情到各位主配角的表演，都比较到位，无论什么时候从哪一部分撞上了这部剧，俺都能跟着继续看下去。可是，俺一直对它的结尾有些耿耿于怀，主要是这个结尾所表现出的"组织"的"冷冰冰"，颇让俺心里觉得凉嘤嘤，觉得组织上那样对待忠心付出、火一样热情的儿女，有些太那个了。余则成最后淌下的两行泪，含没含对组织上的失望呢？孔老师能否一解俺心中块垒？

 孔庆东

你很喜欢《潜伏》，说明你艺术趣味和思想境界都不错噢。

你对结尾的耿耿于怀，出发点可能也是善良的。但是你的理解，透露出一些思想问题。可能你的理解有些特殊，我看此剧的结尾，并没有觉得是在表现组织上的冷冰冰和不负责任啊。

潜伏工作的特性，可能你还没有仔细深入地体会。余则成自愿继续为革命潜伏下去，组织上也理解并接受了他的高尚选择，跟他接上了关系，给他安排了新的任务，还有新的同志和助手。这都是具体条件之下很完美的情节发展。

至于因为奉献革命而造成亲人分离，这正是成就其高尚的必要元素。余则成的眼泪是思念的眼泪，而不是怨恨的眼泪。毛主席为杨开慧流泪，朱老总为伍若兰流泪，难道是怨恨谁吗？

看来你离革命者的境界还比较远啊。现在许多左翼群众其实是把革命当成浪漫的情节剧来消费，并不懂得革命的现实复杂性与残酷性。孔老师为什么要大力批判极左，为什么要痛斥无聊看客，你以后再仔细品品，可能就会明白啦。

[?] 人民的名义，是个啥名义？

⊙ 飞进美洲

　　孔老师怎么看最近热播的电视剧《人民的名义》？它跟以往的主旋律电视剧比有进步吗？还有哪些缺点？这部剧里揭露的一些东西比以往的尺度要大，算一种进步吧。但有时候总觉得，真正的人民成了"人民"的看客，"人民"成了有些人装点门面的道具和贪污腐败的护身符。"人民"什么时候才能不被有口无心地叫着？"人民"什么时候才能掌握在人民的手上？

孔庆东

　　我们的反腐文艺作品，揭露的力度总是越来越大的。

　　但是关键不在于老百姓工资涨多少，咱们还要看房价涨了多少，然后进行一下对比，是吧？

　　所以，**不在于文艺作品揭露了多少，而在于实际上的腐败严重了多少。**

　　反腐作品，一度受到严格限制，慢慢走进低谷。到了十八大之后，又渐渐兴起，这当然是一种时代的进步，是习近平同志革命思想的表现。但是正如你所指出的，反腐的真正主角是人民，人民现在对腐败，到底进入了一种什么心态，才是核心问题。

　　孔老师本学期在北大的研究生课上，专门有一次是讲官场文学的。人民的名义，人民的名义，多少罪恶，假汝之名而行也！

为什么坏人容易演?

⊙ 湘江东爸

　　孔老师，去年《人民的名义》很火，让痛恨贪官的老百姓爽了一把。我也很喜欢看，但是看完了以后，有一种很奇怪的感觉。剧中的反面人物，如高育良、祁同伟、高小琴，塑造得栩栩如生，亦正亦邪的中间人物李达康、孙连城也得到大家的认可，正面人物侯亮平、陆亦可就显得非常单薄。这是时代的问题还是作者的问题？像《水浒传》《射雕英雄传》这些经典，鲁智深、郭靖这些正面人物就更受读者认可。《水浒传》的时代，同样有大量的黑暗，为什么作者就能塑造出那么多英雄好汉呢？

孔庆东

　　　　你问得很好。

　　　　你提问的同时，自己也在进行思考，只是思考得不够深入和清晰。

　　　　比如你提到《水浒传》，你说的"《水浒传》的时代"，这就是一个含混不清的提法。什么叫《水浒传》的时代呢？是《水浒传》所描写的故事发生的时代，还是《水浒传》创作的时代呢？这不论分开说还是一起说，都是非常丰富的一个话题也。

　　　　看你的意思，落在塑造人物上，那么指的是创作的时代了。那么我告诉你，《水浒传》不是短时期内一个人创作的，而是数百年间由全体中国人民共同创作的，最后只是被一个叫施耐庵的大文豪给加工了一下，所以才那么伟大。也就是说，并非宋朝人写宋朝事也。

《射雕英雄传》就更不是宋朝人写的了，无须多言。

那么回到你提的《人民的名义》，你指出的现象都存在，问题就在于，这恰恰是"宋朝人写宋朝事"也。

你可以设想，由蔡京、高俅这种人把持的大宋朝文化部网信办，他们也要制作一些欺骗人民愚弄人民的伪善作品，同时也是为了欺骗天子，他们能弄出什么作品呢？恐怕还不如《人民的名义》吧？

党中央为什么大力批判"两面人"？

文学作品说到底，还是源于生活。当社会上坏人多的时候，坏人好演。逼着演员去塑造他们根本没有见过的"好官"，演员也是痛苦啊。

当世上好人多的时候，好人比较容易演，因为生活中到处都是。而要演坏人，就容易演得过火，因为生活中哪有那么多的坏人哪？

[？] 曹操到底是不是好人？

⊙ 惯看_秋月春风

孔老师，我本人很喜欢看刘和平老师创作的剧，《雍正王朝》《大明王朝1566》《北平无战事》，特别是《雍正王朝》，看得快背下来了。我觉得他的剧里经常能够挖掘到很多比"道学家"所构筑的帝王家事般历史叙述中更多的东西，有一定的历史唯物主义因素。不过，似乎除了《雍正王朝》之外，其他两部影响没那么大。很多人说《雍正王朝》是在为雍正洗地，我不这么看，我认为这是刘和平老师在通过对历史的带有文学性的叙述表达自己对历史的理解。您对刘和平老师创作的电视剧有何批评？

孔庆东

你已经说出来的观点，跟我差不多。

当然，我们了解历史，主要是通过历史资料和历史研究论著。而历史题材的电视剧，不能当作信史，我们主要看的，是其思想和艺术。

所以，我们可以给刘和平的作品打个不错的分数。考虑到当下那么多的滥竽充数之作，我们的分数也不妨打得高一点。

至于洗地，这是一个贬义词，意思是为坏人坏事辩护。那么这就需要先认定啥是坏人坏事。如果雍正并非板上钉钉的坏人，那么根据历史资料，给予他应该得到的肯定，那就不是洗地也。

正如千百年来，人们都认为秦始皇和曹操是大坏蛋，而毛主席和一些严肃的学者却认为他们为中华民族立下了不朽的功勋。这同样不是洗地，而是通过扎实的研究和敏锐的洞察，发现了历史的真相。

不过发现了历史的真相后，仍然可以允许文艺作品有自己的立场和态度。这也正如我们可以允许戏曲舞台上的曹操，仍然是一个大白脸的奸雄也。

[**?**] 战狼

⊙ 深蓝孩 vs 文少

孔老师您好，最近《战狼2》很火，不知您看否？短短13天，已创华语票房新纪录，这恐怕是谁都想不到的，这么一部电影为什么会爆发出如此巨大的能量呢？我也试图去解释这种现象，我猜想，这是中国人近一百八十年屈辱心态的总爆发，所以这是一个典型的标志性案例，可能以后中国人会越来越自信，女性也渐渐不会像以前一样以嫁外国男人为荣，中国男人也一样可以去保护柔弱的美国女子。用习总书记的话说，我们距离伟大复兴的中国梦越来越近。当然，因为我们正在崛起，所以特别需要这样的作品来展现我们崛起过程中的心态。等中华民族再次复兴的时候，我们也许就对这样的作品没那么强烈的感情了。所以这部作品同样说明，在崛起的路上，我们应该常怀忧患之心。您说过，这个时代重新呼唤鲁迅，证明时代在变坏。这是我对这部电影受到广大国人喜爱和创造目前华语电影票房纪录的原因的分析。我的问题是：1.很想听听孔老师对这部电影所代表的文化现象的分析。2.这部电影对中国未来的影视文化方面的意识形态建设是否会产生重大影响？会不会催生多一些的阳春白雪，也鼓励那些有启蒙意识的导演去创造出好的影片？打扰您了！祝您意大利之旅愉快！

孔庆东

非常难得遇见你这样理性的提问。

其实你已经自己回答了自己的问题,而且比我回答的要好。

关于《战狼》的一些重要问题，你基本都抓住了要点，分析得清晰而客观。

这确实是一部在中国崛起意识越来越明确的大背景之下推出的影片，其基本的爱国立场是值得肯定的，所以也遭到了汉奸国贼的大面积围剿。

不过这部电影，也自有一些思想上艺术上的问题。有些真诚的爱国人士也给予了批评，我就不多说什么了。我只是想提醒大家，爱国是应该的，是必须发扬的。但是我们又要小心，不要走向极端民族主义。

你问到未来，我相信未来会产生出更加客观理性的既有爱国主义立场，又有国际主义精神的优秀影片的。

[？] 我跟郭松民的分歧到底在哪里？

⊙湘江东爸

孔老师，又有问题想请教您了。您怎么看待郭松民老师的影评？我经常读郭老师的影评，认为他的文章，人民立场站得很稳，视角很独特，他的观点，在当今的电影评论界称得上独树一帜。但是，我觉得郭老师没有很好地把握普及与提高的关系，有些影评稍显苛刻。比如，票房很高的《战狼2》《红海行动》，郭老师给予的批评多，肯定少。现在好电影少，坏电影不少。《战狼2》《红海行动》，确有问题，但还算老百姓看得下去的，不像有些电影，花中国人的钱骂中国人。这些电影，多少应该鼓励一下。

孔庆东

　　我看你前面提过的三个问题，已经共有两千多人围观，把提问费都赚回去了，真牛。

　　你这回提的郭松民老师的评价问题，也很好，让我趁机也来宣传一下郭老师。

　　在我看来，郭松民老师是一位优秀的爱国主义评论家，也是一位出色的革命文化战士。

　　我认识郭松民很多年了，他本来不是文学专业出身，人家是解放军的飞行员，本来就是捍卫祖国领空，消灭来犯之敌的。后来从事文化工作，勤奋严谨，低调谦逊，表现出了一个飞行员的良好素质。经过十多年的努力，他成为一名高校之外的著名评论家，特别是近年的一系列影评，高屋建瓴，条分缕析，既有学理，又有激情，是评论界难得的一名高手。我多次转发他的文章，也当面称赞过他。他都不骄不躁，继续前行。应该说，郭松民老师为当今的中国，做出了很大贡献。

　　当然，文章写多了，总会有这样那样的照顾不到之处。你说的问题，也有其他人跟我提过。在我看来，这可能并不是普及与提高的关系问题，而是一个话语策略问题。

　　按照你的意思，现在坏电影太多，相对的"好电影"太少。所以对少数的"好电影"，应该鼓励和赞扬为主。你考虑的其实是策略，在这一点上，咱俩一样。江湖上都说孔和尚是统战大师，能够发现和肯定别人的每一处优点，并且实事求是地加以表扬，因此让很多普通人、糊涂人甚至潜在的坏人，最终都成了好人。

　　但是我们也需要郭松民老师的这种声音，他告诉大家，那些所谓"好电影"，也是有很大问题的，甚至存在更危险的问题。这种声音，如果郭松民不说出来，也许孔老师就要说出来，或者张三老师李四老师就要说出来。既然他说了，那么我就不必加重气氛了。

打个比方，这种情况有点像对待蒋介石抗战。郭松民说：不要看蒋介石表面上抗战，他其实是消极抗战，积极反共，军事上丧师失地，政治上祸国殃民。孔和尚其实跟郭松民看法一样，但偏偏要说：蒋公抗战就是好样的嘛！蒋公也不容易哟，那么多家产，那么多女人，毕竟没有像汪精卫一样当汉奸，还领导我们奋起抗日，蒋委员长万岁！希望蒋委员长继续抗日，否则你就是郭松民骂的那个龟孙儿呦！

看一点硬电影吧！

⊙ 淘美客儿

孔老师端午节快乐！近来看电影的问答挺多的，我刚才回忆了下三部我喜欢的但不很出名的电影《启示录》《罪恶之城》《雪国列车》，不知道老师都看过没有。为什么我会想起来这三部，是不是它们有某种联系？孔老师对这三部影片有何评价？有点贪心，重点评价一部也可以，嘿嘿。

孔庆东

大众层面有名的，不一定是优秀作品。

孔老师曾号召：读几本硬书吧。

那么，我们也应该看一些硬电影。

你举出的三部电影，就都比较硬，是启发观众去思考真正的人生问题的。

比如说《启示录》吧，就是逆大众的思维而上，独对人生的困境，不向世俗的思路投降。

看过一定数量的硬电影，再看那些迎合世俗的软电影，就如同猪八戒吃豆芽了。

[■?■] 遍地三驴大学

⊙到底让换昵称吗

有部电影大大地搬弄了是非，混淆了视线。那么想请问孔老师，什么是西南联大真正的精神？

孔庆东

西南联大是抗日战争期间，北大、清华、南开三所大学的部分爱国师生，转移到云南之后组建的临时性大学。在艰苦的环境和条件下，坚持上课和科研，培养了一批人才，取得了一批成果。总体看来，当然是值得赞扬和铭记的。

但是，汉奸国贼篡改历史，无限夸大西南联大的光环，无中生有，目的就是歌颂卖国的国民党，否定新中国。

抗战时期后方大学的真相到底什么样？可以看看钱钟书先生的《围城》。我们不能说这部小说就是完全写西南联大的，但是西南联大的影子就在里边。三所学校的合编，被钱钟书巧妙地写成"三闾"。西南联大确实有一些品学兼优的好教授好学生，但是烂教授和人渣学生也不少，这还可以参考汪曾祺先生的一些作品。

我们尊重抗日战争时期教育事业的不容易，所以一般不必揪住那些烂人烂事儿，主要还是看其优点。如果说西南联大有什么值得纪念的精神，那就是在民族危亡之际，仍然坚持文化教育事业的"弦歌不辍"的精神。虽然远远不能跟延安抗大的精神相比，但毕竟也是中华民族不屈精神的一部分。是中国人民的抗战精神养育了西南联大，而不是相反。

拥有几百万先进装备的现代化军队和四万万人口，却被一个小国打得几乎全面亡国，三所最优秀的大学师生万里逃难，跑到穷乡僻壤去天天钻防空洞，天天偷农民的鸡，这本来是一个巨大的国耻！汉奸国贼不知羞不知耻，不断发扬这种"合并大学"的没文化思路。君不见当今的中国，已经遍地都是"三间大学"了吗？

[?] 孔老师教你看电影

⊙ 张起弓

孔老师好，关于《三傻》等阿米尔汗主演的电影，能否请您系统阐述一下观点？作为阿米尔汗的某种程度上的影迷，比较著名的几部都看过了，观影时感觉都还不错。日前看您的微博回复，才发觉自己也是没过脑子。但对您所指的问题，自己隐约有概念却想不全面，所以还望您能直接点拨。感谢孔老师！

孔庆东

大多数人其实是不会欣赏文艺作品的。

多数人认为自己是在享受艺术，实际上就如同鱼儿在锅里被翻来翻去，感觉很舒服，慢慢就熟了。你自己其实是被编织进文艺大餐的一个必要组成部分，叫做"受众"。你永远是"受"的，如同被填喂饲料的猪羊鸡鸭，你还迷恋上了某类饲料，并以此当作自己具有独立欣赏能力的标志也。

最低等的观众，也就是影视赚钱的主要冤大头，看的是"内容"，也就是悲欢离合，起伏跌宕——这类词儿从我们专业人员嘴里说出来，有时候是非常刻薄的贬义词。你看鲁迅的作品悲欢离合、起伏跌宕吗？不是说这样的作品一定不是好作品，而是说这样看作品的观众，一定是烂观众，不蒙你们蒙谁呀？鲁迅说的人吃人，你们就是后面当宾语的那个人。

稍好一点的观众，看演员，也就是你这个档次的。知道分类了，开始追星了。但换个角度看，也可以说是中毒更深了，甚至嗜痂成癖了。

你们都会被媒体牵着鼻子走，投入乱哄哄的毫无艺术深度只不过是互相取暖的追星讨论中。

能够看到作品背后的东西，才是懂得欣赏的入门。比如看见导演、看见制片。比如会分析结构、分析主题。特别重要的，是能够看出作品是在为谁说话，是对谁有利的。

带着这样的思路，你再去想想你看过的那些作品，相信你会有启发、有进步的！

[?] 怎样拍老刘家？

⊙ 老猫在楼下

很喜欢孔老师的《老刘家》，如果有人想把它拍成电影或电视剧，您愿意让哪位导演来拍？主要演员有哪些？

孔庆东

谢谢楼下老猫同学提了个这么好的问题！

这个问题完全没有功利目的，既不是你自己的生活命运，也不是你的考试题目，而且看起来你也不是影视圈里的人。

我很喜欢回答这种四六不挨着的魔幻问题，因为完全没有压力。不过也稍微有点汉江西去，孔子挠头。概此一问，贫僧向未措意也。

《老刘家》一文，平平淡淡，但许多人都读得刻骨铭心，许多人都读得司马青衫，还有许多语文老师拿来给学生出题。我看要改编成影视，难度极大也。

不知你可曾看过今年获得金马奖的一部黑白片《八月》。如果《老刘家》拍成电影，此片导演张大磊，可以执导。《八月》的艺术和思想深度，大多数观众体会不到，即使感觉不错的观众也仍然不能识得精髓。我们《东博书院》月刊 12 期，有一篇资深孔迷的影评，精彩而深刻，可以参考。

而主要演员阵容，可以由潘长江、夏雨、张曼玉、罗玉凤、曾志伟构成。此外还可以添加一个次要演员，故事是由这个小男孩角色的视角来观看的，这个演员就是《八月》的主人公孔唯一。

如果要拍成电视剧，那么一篇《老刘家》就不够了，应该将我的"十八天大楼"系列，作为剧本的素材也。

[?] 孔老师的教学大纲

⊙ 到底让换昵称吗

请问独孤求败中神通孔老师，您怎么评价 1983 版《射雕英雄传》的三个主题曲：《铁血丹心》《世间始终你好》《一生有意义》？

孔庆东

嗯，这个问题很好，你同时问了三个人，待老夫替他们为你道来。

独孤求败最喜欢《铁血丹心》，因为那是他未尽的情怀。

中神通最喜欢《世间始终你好》，因为那是他深深的遗憾。

而孔老师最喜欢《一生有意义》，因为那是他的教学大纲。

[?] 模仿师父，死路一条！

⊙ 到底让换昵称吗

听您唱智斗，简直不逊于几个原唱。而我学了很久，只能找着调子，完全唱不出那种感觉，发不出来那种音，模仿不出胡司令声音的特色。请教您胡司令、参谋长的发音方法，如果可以的话还有唱女声阿庆嫂的发音方法。谢谢！

五十五岁花满天

孔庆东

谢谢您对俺的过奖！其实俺再怎么唱，也是业余水平。

但是，业余水平者有时候也可以完爆专业艺术家，为什么呢？就因为很多艺术家只知道跟着师父学，而不明白师父为什么要那样唱。那些聪明而勤奋的演员们动不动就说梅老板怎么唱、马老板怎么唱，结果耽误了一辈子的生命，永远进不了艺术最高殿堂。

真正的演唱应该是直指人心的。度过了模仿阶段后，就不应该再问马老板怎么唱，而应该去想，诸葛亮应该怎么唱！

这就是样板戏艺术的伟大。样板戏囊括了古今中外的艺术精华，又超越之。而那些宵小之辈的半瓶子醋，却指责样板戏不是按照梅兰芳的风格唱的，实在是根本不懂梅大师的井底之蛙。

所以，你明白了吧？**不要机械模仿，而是反复欣赏之后，体会出神韵。**然后把这个神韵化到自己身上，想象你自己就是你所表演的人物。这样，不论什么胡司令啊参谋长啊，就都好表现了。哪怕你是用男嗓去演唱阿庆嫂，听起来都让阿庆哥也鼓掌点赞！

样板戏与流行歌曲

⊙ 景昭伟

敬爱的孔老师，受您的影响，我才开始听样板戏。可是，不知出于什么原因，我对样板戏感受不深。"烦闷时等候喜鹊唱枝头"，有时听上去多么感染人啊，可是只是那么一时。而我一听流行歌曲《蜗牛》，很容易就进入回忆当中：高中暑假的傍晚，奶奶做的酸汤面，灿烂的晚霞，层层的梯田，晚风中的凉爽……生活的气息扑面而来，这让我觉得《蜗牛》给我很大的安慰和勇气。可是，《蜗牛》歌词也就那么回事。这是一件悲哀的事情吗？要是我在听《蜗牛》的年纪听的是样板戏的话，那该多好啊！

孔庆东

首先，样板戏流行的年代，也一样有那个年代的流行歌曲。20世纪六七十年代的青少年，并非只听样板戏，更不是只有八个样板戏。那个年代的文艺是非常繁荣的和高水平的。

其次，不要把不同的艺术形式对立起来。你喜欢听《蜗牛》，一定也有合理之处。但是你不可能喜欢听所有的流行歌曲吧？这就更加清楚地说明还是歌曲本身的水平问题，而不是其他艺术形式与流行歌曲的对立问题。

你喜欢听歌剧吗？你喜欢听交响乐吗？你喜欢听秦腔粤剧吗？那些艺术样式里都有精品啊！

这说明，还是你自己的艺术修养不够。这不必着急，这需要扎扎实实地去积累，要结合历史与现实，人生与艺术，去反复体会。

爱吃馒头，没有什么不对。拿起来就吃，简单方便，也有营养。吃饺子则比较复杂，有皮儿有馅儿，还要剥蒜蘸醋。但是当你会吃饺子、爱吃饺子之后，就会明白，二者不是对立的关系，你可以中午吃馒头，晚上吃饺子。而饺子的滋味，是馒头永远也不具备的。

[?] 董卿没有黑幕

⊙ 央视一套禁播广告

董卿担任制作人的大型朗读类真人秀节目《朗读者》，目前从点击量来看是很受欢迎的。您曾参加过的河北电视台经济生活频道朗读类节目《你最声动》却停播了，现在思之仍痛惜不已啊！请您结合文学史的研究成果，对比分析一下《朗读者》目前受欢迎和《你最声动》停播的原因，重点讲讲《朗读者》成功的原因供后来者借鉴。董卿的套路到底有多深啊？

孔庆东

朗诵是中国文化的优秀传统，中国人民当然也很喜欢欣赏朗诵。

所以只要能够把这类节目办好，不论是什么人，我们都应该欢迎。

但是天下没有不散的筵席，所有的节目都会有一天停播的，停播也不一定是坏事，吃完饺子吃元宵，吃完元宵还可以放鞭炮嘛。

相对来说，同类的节目，央视做起来，资源丰，平台高，自然就容易海纳百川，影响巨大，这倒不是因为某个具体的人有什么套路甚至黑幕也。

[■**?**■] 怎样才是尊重演员？

⊙ 檀香味头发的男孩

老师您好，昨日，演员马伊琍发博向迈克尔·杰克逊及其粉丝道歉，该致歉微博反响很大，其中有很多人支持，作为 Michael 的粉丝，我表示真挚的感谢。在该致歉微博的评论区看到一条评论——"任何演员都要为自己表现的人物说出的台词负责，因为他们都是活生生的人，他们不是机器，他们负责传播正确的三观，好演员没你们想的那么蠢，他们都会有自己判断，他们都不是念台词的机器，你们所谓的'演员不需要为自己的台词负责'，恕我直言，你们看扁了演员这个非常伟大且重要的职业。"我非常支持这位网友！而相比之下，目前有许多 IP 电视剧存在抄袭问题，原小说存在抄袭问题，改编后的剧本也存在抄袭问题，目前热映的某电视剧就存在抄袭您校友江南作品的问题，甚至该抄袭者在承认抄袭并承诺修改抄袭部分之后，效果依旧不明显，抄袭依旧严重！但是仍旧有演员去接这类剧本，并且对抄袭毫不作声！您觉得一个演员在接任何一个剧本时应该怎么做？倘若演员是在电视剧播出之后才知道自己的作品存在抄袭问题应该怎么做才合适？再者能不能谈一下您对当代文学界抄袭现象严重的问题怎么看？怎样才能让中国的文学界良好地发展下去？

全部微博(5197)　　　　　　　筛选

马伊琍
昨天 00:59 来自iPhone 7

作为演员很抱歉，在表演时从子君口中说出了伤害迈克尔杰克逊先生及热爱他的人们的台词，今后我会对所饰演角色的台词把控和细节表达更加严谨，再次抱歉！

孔庆东

正如我昨天预告给你的那样，今天，我站在一个高处回答你的提问。

你的提问呢，问的其实不是一个问题。里面至少包括了两个问题。一个是演员要不要为台词负责，一个是文艺作品的抄袭。

第一个问题很复杂。假如一个中国演员，在一部抗日战争的电影里高喊"打倒日本帝国主义！"从而引发了很多日本人民的抗议，请问，这个演员有责任吗？

演员当然不仅仅是表演的工具，但他首先"必须是"一个工具。这就好像王小明不仅仅是一个小学生，但他必须是一个小学生。小学生念课文，如果课文有错误，那是编写教材者的责任，跟小学生没有关系。

其次，硬说演员是一个伟大的职业，这恐怕是混淆黑白的混账逻辑，这也根本不是尊重演员。按照这个法西斯逻辑，你敢说哪个职业不伟大吗？你是不是要贬低教授、律师、医生还有小摊贩和清洁工呢？

任何职业里面都可能有伟大的人，但也充满了庸人小人，这才是真相。为什么要扼杀真相，生活在威胁之下的彼此欺骗中呢？

抄袭问题也是如此，为什么不去追究抄袭者，而偏偏要欺负很难知情的演员呢？这是一种资本家走狗的无耻逻辑？明明是黄世仁干的坏事，你们却抓走了黄世仁家的佃户——杨白劳。明明是日本鬼子冈村队长杀了人，你们却抓走了冈村家的仆人阿信。

我从你取的自以为得意的网名中判断，你也是一个被资本操控的媒体所洗脑和欺骗的可怜的孩子，正在做着柳妈迫害祥林嫂的可悲的事情。希望你能够举一反三，明辨是非，从思想上解放自己，起码做一个不被人卖了还帮着数钱的清醒的当代青年。

第十章

陶渊明替俺
回答你

[■?■] 动漫搞错了怎么办？

⊙ 在日本研究 Manga 教育的山猫

孔老师，"动漫"这个词，是动画和漫画的简称。因为动画和漫画在画面上的相似而被相提并论，是一个方便传播和表达为主的习惯用语。然而，动画和漫画在画面之外，如叙事方式，情感表现方式等都大不相同，实为两种完全不同的媒体。这个词将两种不同媒体，或者说不同专业相提并论，已经招致误解。认为会画漫画便会做动画，会做动画便会画漫画的旁观者不计其数。高校开设动漫学院，进去的同学都不得不两者兼顾地学习。投资者创立动漫公司，经常打着动漫的旗号只做动画或者只做漫画。国家政策近些年支持发展"动漫产业"，我国的主流媒体和学术文章都在引用这个词，这个词造成的误会越来越大。由于动画目前占上风，很多人误会动漫一词专指动画，漫画从业者经常受到偏见。我和我的朋友们作为漫画从业者，应该怎么办？我现在的做法是，团结友军，勇于和"敌军"斗争，并向群众普及。与讲道理者讲道理，忽视不讲道理者。自己做研究写论文，同时影响自己的学生，也不停向漫画和动画相关的"大佬"们发声倡议区分两者。可面对我国主流媒体和学术文章都在使用这个带有偏见的词的现状，真的是无能为力。请孔老师帮帮忙。

孔庆东

你提的问题从专业角度看，很有道理。但是现在是个全世界礼崩乐坏的时代，乱用词、故意乱造词的现象比比皆是，就是孔子复生，也无法一一"正名"，只能摇头叹息。

所以我经常强调，一要尊重语言、学好语文，二要看破名目，直指人心。

关于动画漫画之不同，我这一代人是很清楚的，而现在的孩子们不清楚，是受教育和资本双重迫害所致。词已经错用了，就只能改变词意，发展词意，创造新的概念。好比当初把"猫熊"错写为"熊猫"，造成很多人不明白这家伙是猛兽，当成一种大型宠物去招惹，结果被咬死咬伤，可是人们也没有办法，因为已经不可能把名字再改回去了。我们只能教育大家：叫猫的动物也是能够咬死人的。

秉此原则，你和你的漫画界朋友们，应该怎么做，是不是就清楚了？其实你们现在的做法，已经是正确的了。剩下的就是放平心态，做好本职，让中国漫画再创辉煌。

[?] 武打中的语文问题

⊙ 李唅西

　　就在昨天，中国传统武术与现代自由搏击举行了一场实战对抗，规则很简单，除了不准挖眼撩阴，只要把对方打倒就算赢，结果退役散打选手徐晓冬 20 秒 KO 杨氏太极掌门雷雷，引发网上轩然大波。有人说传统中国武术不行了，花哨无用，只适合于表演、养生，并不适合于更接近实战的现代自由搏击，上了 UFC 赛场统统完蛋，哪有什么高手在民间，都是武侠小说看多了；更有甚者说中国武术和中医一样就是骗人的，以此否定中国文化；理智一点的认为双方都不能代表各自的最高水平，只能代表他自己。孔老师您作为研究中国武侠文化的大师，又广交三教九流，对此应该最有发言权，请问孔老师，中国传统武术到底能不能与现代自由搏击对抗？如果能，为何从国内的散打比赛到国外的 UFC，都见不到中国传统武术家的身影？少林、武当、峨眉……为何不派自己的弟子去参赛？我相信弘扬中国武术，说一万句不如打一场，是不屑去还是不敢去？如果中国传统武术打不过自由搏击，是否说明它不适合实战，还是说自由搏击的规则限制了它的发挥？最后能否评价一下李小龙在中国武术界的历史地位，他是叛逆者还是改革者？他能代表中国功夫吗？他吸收并改造了中国传统武术，自创了更接近于实战的截拳道，打遍天下无敌手，是否这才是中国武术的出路——不改革，死路一条？

孔庆东

　　此事像一切媒体热炒事件一样，很多极端言论都是被刻意突出放大，越不合逻辑，就越能吸引眼球。

　　如果要仔细探讨，就会发现其实还是语文问题。甚至可以说，句句都是语文问题。

　　比如大家说的"自由搏击"，难道是跟中华武术完全没有交集的一个独立概念吗？中华武术难道不是"自由搏击"吗？西方的搏击技术，在成吉思汗横扫欧洲前后，没有发生演变吗？

　　你看看武松、李逵、鲁智深，有什么套路？你能说他们不是自由搏击？你能说他们不是中华武术？燕青把李逵打倒在地，这算是谁打败了谁呢？

　　假如有一位太极高手，打倒了徐晓冬，是不是网民们又要高呼：还是中华武术厉害！西方搏击狗屁不是！

　　还有大家说的"实战"概念，还是语文问题。什么叫实战？任何形式的比赛打擂 PK，都不是实战。中华传统武术之所以不参加这类"实战"，从根本上说，因为这些都是表演，如果号称实战，都有背武德。

　　什么是实战？在朝鲜战场上，志愿军跟美国鬼子肉搏在一起，各自施展本民族打架的功夫，那就是实战。人高马大的美军，多数都学过点拳击擒拿什么的，而中等个子的志愿军战士，普遍是农民出身，看过或者练过一点粗浅的武术。你看看谁占上风？你看看哪一方惧怕这种肉搏？

　　世界上最早的特种兵，就是红军发明的。那些红军战士，哪里懂得什么"自由搏击"？哪里懂得什么"中华武术"？哪里分得清什么少林、武当、峨眉？他们只是用祖先传下来的很不专业的那点功夫，创造了千万例奇袭白虎团那样的奇迹。

[] 还是留在传说中比较好

⊙ 爱晨业

孔老师好，最近徐晓冬对战太极拳师的新闻想必孔老师也都知晓，太极拳师被 10 秒击败，场面很是尴尬。徐晓冬以打假之名挑战整个武术界，太极拳师惨败乍一看像是被打了假，但转念一想，先不说武术有高有低，二人年龄相差不小，只太极拳对战格斗选手是否能发挥优势就值得商榷，太极拳师被打败，就一定能证明他的太极功夫是假的吗？但现在的确有很多招摇撞骗浑水摸鱼的人，武术界是否真的需要像徐狂人这样的来一次打假？中国的传统武术是否能经得起格斗选手的挑战？看了那么多金庸先生的武侠小说，我们普通大众该如何正视传统武术？恳请孔老师解答！

孔庆东

上次有人问过这个问题，孔和尚重点从语文角度回答了一下。

今天看你的提问，里边已经包含了一些你的看法。我再随便补充两句。提醒一句，你不要以为俺是答非所问，俺答的，句句都是你的所问也。

假如咱们组织一百个城管，去群殴三军仪仗队，我想肯定大胜而归。但是我们能说城管的战斗力就胜过解放军吗？于是有人叫嚣着：有战斗力的解放军在哪儿啊？有种站出来啊！可是解放军就是没有人站出来啊，陆军、海军、空军，什么刘老庄连、董存瑞班，愣是没有人站出来。那怎么办呢？那咱们就暂时认为城管的战斗力确实很强，这也没什么了不起，这也说明咱们中国人打架很厉害嘛。

只要我们心里知道，解放军不都是打仗的。有能打仗的，但是咱们没有亲眼见过。你能打败三军仪仗队，好，威风！你还能打败国防大学的一大堆将军呢。你咋不去打解放军艺术学院呢？去那儿打，更过瘾，更威风，一定没有人站出来反抗和挑战。

我们希望，解放军的战斗力永远是传说中的，是电影上的和书上的。因为你一旦亲眼看见了解放军的战斗力，可能就出大事啦。

幸福来自何处？

⊙ 到底让换昵称吗

孔老师，请问您怎么理解和看待区块链和比特币？

孔庆东

好，提问简单明快，但也有些笼统。

我想你不是要我来解释区块链和比特币的基本定义，那是技术员和临时工干的活。不值得咱们花钱提问的。

区块链和比特币的问世，给人们带来了一片曙光，信息交易和流动成本大幅度下降乃至趋于零，信用值升高到无限高，再没有一个中心可以控制我们的自由，每个人都是财富和快乐的生产者和消费者……

但是孔老师请大家等等。请大家回忆一下，这种科技进步给我们带来的激动，是不是我们已经经历了太多回了？电灯、火车、手机、互联网，哪一次不是让我们似乎看见了共产主义就在眼前？但是哪一次最后不是如同鲁迅写的"受潮的糖塔"？日本电影《追捕》的台词说：昭仓跳下去了，糖塔也跳下去了！

从辘轳和鱼竿发明以来，千万年间，科技只给人类带来了方便快捷，但是不曾带来幸福。人类到底需要不需要方便快捷，这也是一个未经证实的问题。

我们真的相信区块链可以保障人权，可以消灭诈骗盗窃，可以防止贪官污吏？

任何科技都是人发明、人控制、人毁坏、人修改的。科技之上，高踞着人类。跟研究人的学问相比，牛顿、爱因斯坦的学问都是小儿科。我也对科技进步充满着欣喜，就像我家的猫咪欣喜于并享受于每一个新来的纸箱一样。

但我知道，它们不过是纸箱。还会有更多的纸箱，不断地搬进来，不断地扔出去。

幸福，在纸箱之外。

[?] 你打算购买数字货币吗？

⊙ 到底让换昵称吗

孔老师，还是关于区块链和数字货币的问题。说区块链是去中心化的，我不认可，任何事物的发展都是由其主要矛盾支配的，所谓去中心化应该是换中心化吧，把之前的中心换到了看似没有中心其实更加中心的地方。还有所谓的加密、保密特性，哈希函数本身虽然具备这个特性，但数据的进和出都是有记录的，说其能保密不是可笑嘛。我认为数字货币不具备货币的属性，并且一直隐隐觉得这个事是打着货币的幌子，利用全球炒家的心理，操纵巨量的电能，以达到控制全球互联网数据以及运算资源的目的。请孔老师评价评价！

 孔庆东

你说的可能稍微激愤了一些，但是话糙理不糙。区块链和数字货币的问题，可以说刚刚进入人类的视野，我们对待这类问题，就像我上次讲的，必须具有哲学高度和辩证思维。

科技进步，可能是无法阻挡的，但并非就是不可控制的，人毕竟是科技的主人。在阶级社会中，任何科技进步，都是由统治阶级操纵和统治阶级阐释的。被统治的人民只有认识到这一点，才有解放的希望。

你也是领悟到了这一点，才能够做出上述判断。我的观点是，要充分认识到区块链技术的"进步性"，但是不要神化之。完全的去中心化不但不可能，而且恰恰遮蔽了新的控制。

人在宇宙中的任何活动，都在宇宙中留下了"证据"，所以，绝对的保密是不可能存在的。问题只在于谁能够知晓和操控这些秘密。就好比此刻我答复你的问题，对不交费的网友是"保密"的，但对新浪后台的小弟弟、小妹妹来说，哪里有什么秘密可保啊？

不过，只有简单的批判也是不够的。作为具有主人公意识的觉悟者，应该勇敢地去面对，去学习，去思考，并把思考的结果告知人民，让人民少受骗，少遭罪，争取早日让人民成为地球的真正主人。

[?] 孔和尚是不是机器人？

⊙ 最后别让我忘了这首歌

我啥也不懂只是很好奇想问一下，孔老师不要烦，如果说人跟日月星辰的不同在一方面体现是有意识有文字可以思考，而思考可以说是人在已经具有的经验中按照逻辑的一种推演，灵感和突然跳跃的一些思维是随机概率性的，那如果有一天，人工智能发展到高级的阶段，可以通过概率计算和逻辑计算算出一切结果，而且是最准确的结果，甚至他们能计算出什么时候应该有什么情绪、情感，然后控制某一块芯片，减少某处的运行能力，就像人的分泌调节一样，那会不会就相当于成为了一种新的高级的生命？是不是人类就像是神一样创造了一个新的有智慧的物种？人类能够通过研究探索创造来发展自身，人工智能们是否也能？如果能的话，以智能的计算速度，只要有够好的硬件和用以计算的程序公式，必然会运算得无比快速，可能很快就不断自我升级完善，那一天他们会不会像人类一样，号称自己是高级物种，把同源的动物们放在低级的位置随意杀戮，或者放动物园里供人观看，然后说自己就是进化来的物竞天择没有错误？如果这些可能，那人类文明的出现也是源于人类神经的传递和大脑的不同功能，那会不会人类的基本的一些功能并不是进化而是某种高级生命赋予的，也就是所谓的神或者是天道？那人工智能真正成功后，人岂不就成了所谓的神，所谓的天？

孔庆东

　　嗯，你的可爱的语文水平实在糟糕啊，这么简单的问题被你叙述得跟八流韩剧似的，不过孔老师都听明白啦。

　　你所提的这类问题，四十年前，孔和尚就跟叶春霞同学、吕梅梅同学、修荣华同学讨论过啦。就是说，人能够制造机器人，机器人会越来越聪明能干。第一，机器人会不会有一天反超人类，控制人类；第二，人类是不是也是某种高级生命制造的机器人。

　　孔老师认为，这两点都是成立的。**哲学告诉我们，物极必反，而物是一定要极的，不极就不爽。**不论一些文科精英怎样告诫理工科朋友不要玩火，在资本的操控下，在欲望的涌动下，理工科朋友一定会把潘多拉的魔盒打开。而人类为什么非要喜欢玩火，为什么非要打开潘金莲家的棺材盒子呢？就因为人类本来也是从一个大盒子里放出来的。不过，用不着害怕，宇宙的规律正是这样，生生灭灭，阴阳转化，无机可以变有机。

　　真正的唯物主义战士，要张开双臂，勇于接受宇宙的千变万化，让我们用无限伟大的心灵，去迎接一百个、一千个战斗的春天。

[?] 孔和尚会失业吗？

⊙ 郭辉 1036

　　孔老师，您好！"人工智能"是研究使计算机来模拟人的某些思维过程和智能行为（如学习、推理、思考、规划等）的学科，也是近年来人们热议的话题。许多人说人工智能的蓬勃发展会使大量的人失业，请问您怎么看待这种预测？您认为哪些行业不会或难以被人工智能取代？有人说人工智能会大大提高工作效率，使未来世界的物质极大富余；也有人说如果放纵这一学科的发展会导致人类文明的毁灭。请问您怎么看待这一学科的发展？

 孔庆东

人工智能的高速发展，确实会使很多人失业，但这不一定是坏事，完全不必惊慌。

如果懂一些政治经济学，就会知道，决定人类是否幸福的不是生产力，而是生产关系。

原始社会，男人狩猎，女人采摘。后来农业种植和畜牧养殖兴起了，大量的狩猎男和采摘女就失业了，难道他们都饿死了吗？

同样，工业社会兴起，农业实行机械化，大量的耕男织女会失业，难道他们会饿死吗？

键盘输入的普及，使得书法更值钱了吧？手机终端的普及，使得你向孔老师提问，还要交点钱吧？随着人工智能的发展，将来有一天，大学也要关门，教授都会失业，但大家都不会挨饿的。

为什么不会挨饿呢？就因为人类具有调整生产关系的能力。那些挨饿的年头，不是因为生产力出现了问题，而是生产关系发生了谬误。

所以，要相信人类的智慧，人类不会放纵自己制造出来的工具，反过来祸害自己的。

当然，这话要引起普遍重视，那就不是简单的科技问题了。人类社会一切高端的问题，都是文史哲的问题也。

　　　　　　　　　　　　　　　　　　　　五十五岁花满天

[?] 圆周率其实是八

⊙ 砾蜓

AlphaGo 的横空出世让人们想起了棋圣藤泽秀行的名言"棋道一百，我只知七"，是否围棋的待开发空间真的达到了90％？这些待开发空间往后就只能依赖科技的力量来开发了？围棋的新空间将对人类带来什么？

孔庆东

很高兴你关注阿尔法狗问题。我近期在多个场合包括北大课堂上，都讲到了阿尔法狗带来的冲击和思考，这已经不仅仅局限于围棋领域了。

第一，阿尔法狗横扫人类六十名顶尖高手，相当于一个将军连续击败十元帅十大将四十名上将。

第二，阿尔法狗突破了人类千百年积累和总结的一些基本围棋定式，造成的冲击好像硬说圆周率为八但是居然也能生产轮胎和足球。

第三，阿尔法狗不只是具有强大无比的计算功能，这畜生不满足于当一个总算计师，而是具有了很多人类最足以自豪的"智慧"。比如说它知道"走不好的地方先不走"。这比算无遗策还要可怕。

第四，阿尔法狗每天每夜无休止地自我对弈，一昼夜可以下一百万盘棋，超过人类围棋比赛对局总和，它天天都在自我进步。人类在技术上要赶超它，就好比要在田径场上超过长颈鹿，基本没有希望。

简单说这么几点，就可以明白，这已经不是围棋的事儿了。将来人能干的事儿，还有多少是机器不能干的？

还是老祖宗看得远，当我们把名叫科学的这个潘多拉盒子打开之后，终于飞出了这只让我欢喜让我忧的大狗狗。

[?] 陶渊明替俺回答你

⊙ bj 李三

孔老师，近十几年来，科技进步已经剧烈地改变了人们的生活方式，已经很少有人能知道未来 10 年后还会有什么样翻天覆地的变化。就说利用体细胞克隆生物这件事，可以无限制地延续单一个体的基因，这样基因就可以无性繁殖而不死了。如此一来，未来人类不就可以逐渐恢复生机勃勃的动物世界了？或者控制不好导致人类伦理大破坏或生存危机？您在这方面是期待多些还是像我一样恐惧更多些？

孔庆东

纵浪大化中，不喜亦不惧。

[?] 为什么说八十年代最好？

⊙ 冠希他叔

孔教授您好，我是 20 世纪 70 年代生人，我对 80 年代有深深的向往。那时的人们还不都是一切向钱或向权看，当时我们农村邻里关系也相对单纯，据说大学里也是充满理想主义，总之社会就是有一种精气神在那儿。而我更是佩服你们这些头曾向国门悬的人。我想请问您怎样评价那个年代和那些和您一样曾头向国门悬的人？另外我们国人好像都有一代不如一代的看法，像以前就有说80后是垮掉的一代，现在00后都快成年了，您怎么看这个问题的？感谢！

孔庆东

孔老师曾经说过，新中国六十多年来，综合评价，80年代是最好的，保持着前三十年的优点，而后三十年的缺点尚未蔓延。精神物质大体平衡，朝野一心，既不极左也不极右，四项基本原则加上四化理想，真可以说是难忘今宵也。

而你所问的我们这一代人，就是那首歌里唱的"八十年代的新一辈"，我们享受了这个国家前后两个三十年的大部分好处，因此自然对国家社会产生了更多的责任感。

80年代以后出生的孩子，由于教育理念和社会环境的问题，精神世界出了较大偏差，但这不等于一代不如一代。

残酷的现实，已经教育了"80后"，而目前最爱国的则是"90后"。国家有关部门统计，"90后"爱国青年的比例，超过其他年龄段。我估计中华民族的真正振兴，可能要在"00后"的手中实现矣。

[■?■] 特殊姓氏的取名问题

⊙ Tim0772Larry

　　孔老师，元宵快乐！末学向您请教一下：像"吴""白""别"这些比较特殊的姓氏，起名的时候，相比其他姓氏，有什么额外需要注意的地方吗？谢谢！

孔庆东

　　本来呢，这些姓氏也并无什么特殊之处，古人起名也不曾特别讲究。但是由于谐音和字意，这几个字就具有了否定的意思。

　　除了你提到的这几个字，还有毋、莫、休等。因为中国人的姓在名前，因此有时候起了意思很好的名，却被前边的姓给否了。

　　这个现象，古人已经发现了，但是古人胸怀宽阔，并不特别忌讳。例如白居易到长安闯天下，去巴结一位中央领导时，领导就调侃他道："长安米贵，居大不易！"意思是你小子不要认为在首都白白住着是那么容易的事儿！但是白居易并不在意，这还成为了一个历史美谈。

　　而今人胸怀小，虽然受了科学教育，但顾忌反而增多。比如叫白富贵，就等于没有富贵；叫吴智慧，就等于大傻瓜；叫莫成才，就等于窝囊废。

　　所以如果这些姓氏之人给孩子取名，就需要注意一下，为了不给孩子带来不必要的麻烦，免得别人开玩笑和给自己造成心理暗示，起的名字就不要带有强烈的褒义色彩，以免连上姓后，就暗含否定了。

起名的时候，可以连上姓反复读读，自然就可以判断出会不会产生反面的意思了。

其实起名的空间还是非常广阔的。吴宏飞，白小燕，莫彩霞，不都是既常见又好听的名字吗？

[❓] 谁说风水不是科学？

⊙ 湘江东爸

孔老师，看了您对命理问题的回答，还不过瘾，我想追问一个。我是个理科生，读研究生之前，一直对传统文化中的八字、中医、风水等不屑一顾，认为没有逻辑，不是科学。在中科院读书期间，发现有些模型，完完全全基于经典数理理论构建，论证非常充分，学习、应用都很难，但实际效果还不如经验模型。有些经验，看似简单，只有几个参数，但很管用。慢慢地，我对科学的无条件信仰就动摇了。我认为八字、风水、中医就是久经中国人民考验的经验模型。本人是学地理信息的，对经纬度比较敏感。算八字时，通常要考虑经度的影响，区分北京时间和地方时间，那么，要不要考虑纬度的影响呢？同一天，在北半球是夏天，在南半球就是冬天了。以此类推，孔老师，您认为八字、风水等传统文化，可否利用现代技术，引入新的参数，发扬光大？

孔庆东

你提问的方式非常科学，你提问的内容更是具有科学内涵。

所谓科学，不能狭义地理解为某种直接验证方式及其结果。

科学是一种理性的态度，当然也是一种逻辑方法。即便是验证，其方式也是多种多样的。

说一句俗话，不是说实践检验真理吗？那么当巫师作法确实治愈了很多病人后，我们就不能没有根据地硬说巫师骗人，这才是科学态度。

八字、中医、风水等，都是中国人民上万年生活经验的结晶，岂可任意打杀？当然其中有骗子有虚妄，那么现代科学不也一样吗？

这些中国的传统文化有其地域性，不能简单地硬搬到南半球，这本身就说明了其科学性和严密性。

因此你的设想，我是非常赞同的！

[?] 做一道算术题

⊙ 潘振宇微博

孔老师您好。您觉得中国传统文化中的"孝"，剔除糟粕成分后，还有没有什么独特的价值？我看外国也会有些节目宣传对父母好点多些陪伴什么的，但他们似乎已经没有"孝"这个概念了。

孔庆东

你的提问，其实已经暗含了答案。

你看，假设某物为 K，其中糟粕为 M，非糟粕为 N。你说要剔除糟粕，即 K 减去 M，那么剩下的 N，不就是非糟粕，不就是你问的有价值的部分吗？

其实，你不是不知道有价值，你是想问这个价值的具体特性是什么，对吧？所以你才最后跟外国进行对比。外国要看哪些国，儒家文明圈的各国，还是有孝道的，实践得最好的是朝鲜。西方国家根本就没有孝道，他们讲的是亲子之间的爱，没有上升到意识形态的高度来认识。

而中国文化所讲的孝，从原则性上来说，是无条件的，即不论遇到什么样的父母，子女都必须孝，因为那是子女生命的来源。一代代孝下去，人类就充满了大爱。

但从实践性上来说，孝又是机动灵活的，只要有孝心便好，不必拘泥于固定的形式。

同时，孝又与仁义忠信等其他范畴联合起来，组成了民族文化的庞大系统，维系着中华民族生生不息。

[■?■] 我信推背图吗？

⊙ 七岁的老爷爷

孔老师，推背图和梅花诗这样的谶言在古代真的存在吗？其内容和现在流传的内容是否一致？我们应该如何对待这些谶言？

孔庆东

推背、梅花诗等，古代确实存在，但不是它们自我标榜的那个年代。版本比较混杂，而且作者需要考证，不能轻信。因为属于"怪力乱神"之流，官方文化不予重视。

今天社会上经常提起这些文本，倒不是因为它们多么神奇，而是当今社会实在混乱，好人、坏人都担心自己的命运，活在朝不保夕的心态中，所以神乎其神的东西得以大行其道。

我们对待这类文本，应该保持科学的理性态度，不随便肯定或者否定，不牵强附会地解释，但也不反对别人去研究和解释。假如谶纬得有道理，我们还要深入研讨，那个道理何在。

其实这也就是孔子的态度：敬而远之。一般人学习了这个成语，只学到了一个"远"字，忘了更重要的是那个"敬"字。

[❓] 孔和尚的五虎断魂枪

⊙洞秋

孔老师，您博古通今，学贯中西，对一些问题认识不是一般的深刻。人类的文化成就是无法计数的，您能说说人类文化发展史上最伟大的五个词语吗？

孔庆东

嗯，一般的拍马屁，比如赞扬孔老师长得帅啊，有万夫不当之勇啊，孔老师还是能扛得住的。但是博古通今，学贯中西，这么猛烈的糖衣炮弹，是万万使不得的。

当今世界，就没有这样的豪杰，倘有，中国和人类很快便太平了。

至于你命俺说五个伟大词语，俺揣摩你的上下文，不是让俺说五件物质科技发明吧，应该是说五个对人类影响最大的文化概念吧。那好，俺就从几十个伟大成就里，随便挑出五个吧，听着：道德，革命，世界，自由，人民。

[■?] 中医是不是伪科学

⊙ ZH 建栋

孔老师好：关于中医是不是伪科学的问题，正反两方面的文章和资料我都看了一些，总体感觉是反对中医的逻辑和依据更有说服力，支持中医的理由大都比较笼统和玄妙，但我又无力反驳。请问您对这个问题持什么看法？为什么？如果您也没有确定的答案，就请分享一下您解决此类问题的方法论。谢谢！

孔庆东

您这个问题，也是很多人关心并且迷惑的。其实如同大多数其他问题的争论一样，关键在于定义问题。

现代的教育，首先打着科学的幌子，摧毁了大多数人的理性，把知识和理性看做是外在的，必须仰人赐予，这就造成了思维方式的奴性。

假如我们定义美国人是人的标准，那么中国人就不是人，反之亦然。

回到中医的问题。

首先要确定什么是医。如果白马非马，那么中医当然也不是医，可是西医如何就是医呢？

其次，从历史发展来看，人们说的中医、西医是指什么？张仲景、李时珍行医的时候，西方人怎么看病？是化验打针动手术吗？所以，某些人又是把中西问题，混淆为古今问题。

最后，现代西方医学怎么来的？里面没有中医的滋养吗？没有借鉴和剽窃中医的成果吗？这些都需要全面考察。

总之，**理论加历史加实践，是判断各个领域问题的三要素。**掌握了这个方法论，就不会简单地非此即彼。

另外，我们还可以想想，为什么非要挑拨中医、西医打得你死我活，背后的政治阴谋和经济阴谋，究竟是什么呢？

[■?■] 坚持站立撒尿，不是妇女解放！

⊙ 山轻舟

孔老师，我想请教您关于随父姓和随母姓的问题。近十几年来，由于独生子女政策的影响，不少女方家庭提出小孩随母姓的要求，并让小孩称外公外婆为爷爷奶奶。有的家庭能接受并实行这些做法，而有些家庭在小孩出生后，产生分歧，争吵甚至婚姻破裂。我想请教您关于越来越多随母姓和称谓改变现象的看法，是时代的进步，还是伦理的混乱？

孔庆东

你提了一个涉及大众的基本生活，同时又很有学术性的问题。

一般人可能会认为，孩子随父姓，只是一个简单的男尊女卑的问题。于是为了表示妇女解放，男女平等，就不经过孩子同意，让孩子随母姓。这种做法，误区很多。

第一，虽然我们都主张男女平等，但是要认识到，从母系社会演变为父系社会，是人类历史的巨大进步。没有父系社会，就没有今天的一切文明。孩子随母姓，那是母系社会的特征，那是因为只知有母，不知有父——因为跟母亲交配的男人比较多，无法确定生父，所以才随母姓。而现代社会基本是一夫一妻制，已经不存在那种社会基础。

第二，现代科学研究已经证明，父系的 DNA 谱系是更稳定的，是更有利于种群的健康繁衍的。这说明古人经过几十万年的进化选择，是正确的，是合乎生命发展规律的。

第三，强行让孩子随母姓，其实骨子里还是一种男尊女卑的思想，而且更加根深蒂固。就像阿 Q 拼命想姓赵一样，他并不是真正反抗赵太爷，而只不过是想自己当赵太爷。也就是说，妇女一定要坚持站立着撒尿，这种女权主义不是真正的妇女解放，而是强化了对妇女的歧视和压迫。

第四，孩子长大以后，未必会接受家长的这个选择，而且给孩子的生活带来麻烦，他要经常向人解释，心理上必然有阴影。

第五，个别情况下，孩子也可以随母姓。比如母亲家族几家人都没有孩子，姥爷姥姥需要一个第三代传人，那么可以征得父亲家族同意，选择一个孩子随母姓。或者单亲家庭，也可以随母姓。或者家里孩子多达四五个以上，可以征求孩子意见后，选择一个随母姓。

总而言之，既要明白科学道理，又要讲求伦理原则，最后兼顾具体情况吧。

[?] 烧纸未必到坟前

⊙ bj 李三

孔老师，问个关于清明祭亲人的问题。我母亲两年前病逝，是回老家安葬的。按老家老人的讲究，说我母亲去世的时辰及地点等原因，三年内不让在坟前烧纸。我哥、姐因此阻止了我要去坟前烧纸的想法。我知道，孝顺一定要在老人生前，多陪老人聊天，尽量多参加老人的集体娱乐活动（我母亲喜欢跳舞、唱歌、双手耍手绢），每次我参加活动，母亲都很骄傲地向伙伴们介绍："这是我家老三！上次发给大家的照片、光盘都是我家老三弄的！"因此每当我回想母亲音容笑貌，坦然多于哀伤。我很想学着别人那样在马路边烧一回，怕路人反感一直没有行动。还不知道我们老家其他人怎么议论我们两年没上坟的这个举动呢。孔老师，您能给我一个建议吗？

孔庆东

这些说法各地很不统一，不具有什么科学性，但是可以作为一种风俗予以尊重，因为尊重之后，并未损害任何人的利益。这就是孔夫子"敬鬼神而远之"的逻辑。

那么我们自己对亲人的悼念之情呢，可以采用另外的方式表达与寄托。烧纸不一定到坟前，也可以在路边路口，野外山脚，注意防火安全即可。

另外提醒一点，烧纸等祭奠活动，不要走形式，关键是内心要真切怀念亲人，感激他们的恩德，勉励自己和家人，好好生活，造福人间。

[?] 说话声音为啥大？

⊙ **学而时习之正传**

为什么有些人或者人群说话声音明显比较大？

孔庆东

这个问题看似简单，其实分析起来非常复杂。

这并非是生理上的嗓门问题，从个人角度来说是性格问题，从群体角度来说是社会性、民族性问题。

中国人由于历史悠久，地大物博，自信满满，所以大声说话的比较多。美国人富强自傲，目中无人，也是声音洪亮。日本人说话声音一般比较小，但是在施展权力暴力的时候，会突然高声。所以这也是考察民族性的一个很好的视角。

[？] 要学习美国的三个自信！

⊙ 淘美客儿

孔老师，近来老看到新闻说亚洲鲤鱼在美国泛滥成灾，我百度搜索了一下为啥不能吃掉，结果是太难吃，为啥不能做成宠物饲料，结果是连宠物都嫌难吃。这颠覆了我的常识，我印象中黄河鲤鱼非常有名，虽然没怎么吃过，莫非说的不是一个品种？还是老外厨艺太差？还有为啥在中国没有成灾？

孔庆东

你这个问题吧，挺跨学科的。既是科学问题，也是美学问题；既是民族性问题，也是地域性问题；既是历史问题，也是水产问题。

孔和尚才疏学浅，今天在京郊溜达了一天，也没想清楚怎么答复你。晚上回到小区门口，正好看见王奶奶在巡逻，我就问了问王奶奶。下面就把王奶奶的答复转贴给你吧。

王奶奶说，一个东西好吃不好吃，就跟一个老爷们好看不好看一样，不是一种客观存在，而是一种情人眼里出潘安的彻头彻尾的唯心主义问题。香白软嫩的大馒头多好吃啊，可是南方人就不感冒。有些人喜欢吃什么穿山甲，可是奶奶我看了就恶心。

所以鲤鱼还是那个鲤鱼，不要怀疑橘生北美则为废纸。不仅美国人民不爱吃河鱼，许多国家的人民都如此。美国的什么沙拉，中国人民也不大爱吃，弄些生菜叶子胡乱搅拌一番，再撒上一些大鼻涕似的沙拉酱，那不是喂兔子的吗？人怎么能够吃呢！

所以说，各民族要互相尊重饮食习惯，不强迫别人，也不轻视自己。这是第一原则。

在互相尊重的前提之下，我们可以心平气和地探讨一下口味习惯的历史成因。河鱼如果烹饪不善，确实不好吃，不如海鱼"入味儿"，这是事实。

所以河鱼一般有两种吃法，一是吃生鱼片，中国古代和日本现代都是。二是善加烹调，例如红烧啊、清蒸啊、糖醋啊。

可是这些玄妙的烹饪技法吧，西方人听不大懂，中国厨子也说不清楚，动不动就说"食盐少许""看看火候"之类毫无科学道理的话，跟"万恶"的中医一样，纯粹是"骗子"，俺们民主自由的阿妹日卡，怎么能够吃那种一党专制的东西呢？

因此，美国人民保持了制度自信、道路自信、文化自信，这不正是响应了习主席的英明指示了吗？所以咱们也要积极向美国人民学习，红烧、清蒸、糖醋，一直吃到共产主义！

[■?■] 啥叫末日审判？

孔老师，有个问题困惑了我许久，想向您请教一下。《圣经》里那个创世纪，还各种显神迹的上帝真的存在吗？如果存在的话，人死后真的要接受末日审判吗？如果不存在的话，为什么我认识的一些研究能力很强的博士却对此深信不疑呢？

孔庆东

你这个提问呢，要先整清楚问的是宗教还是科学。

宗教就必须信，没有什么道理。宗教也经常利用科学来证明自己的那些说法，但这么做，实际上是贬低了宗教。需要科学来当打手的宗教，下贱也。动不动就说哪里发现了伊甸园、哪里发现了诺亚方舟，那可能是对上帝的一种亵渎。真正的虔诚应该是，不需要证明，上帝就是存在的！

如果问的是科学呢，那就得证明。如果没有材料证明，那也得有起码的推理。

但是你使用的概念有误，末日审判不是人死后进行的，而是世界末日的时候，上帝派出纪检组对全人类进行审判。这个存在不存在，没有材料证明，那么就需要推理。

[■?■] 怎样防止被洗脑？

⊙ **bing201555**

孔老师！可以科普一下基督教的黑历史和基督教做过的一

些值得称道的事吗？为什么信基督教的人大多偏执、死脑筋、强词夺理，把耶稣的话当圭臬，其实那些话很多经不起推敲？还有我们怎么防止被洗脑？如果被洗脑了，有什么办法挽救？

孔庆东

你大概看到过一些孔老师批评和讽刺基督教徒的文字吧。许多朋友可能会误解，以为孔老师歧视基督教。

孔老师还批评讽刺过许多共产党员呢，难道孔老师反对共产主义？

其实把世界上的宗教综合起来看，基督教应该算很好的宗教。基督教早期是为劳动人民说话的。后来被统治者收编了，才慢慢变质的。

即使变质了，圣经里面的很多话仍然是有道理、有价值的。

另外，我感觉多数基督徒也是好人，跟广大的佛教徒和穆斯林是差不多的。

但是，正如非教徒被资本主义媒体洗脑一样，教徒大多数不能自己研究经典，只能听信牧师以讹传讹。而牧师之间是存在竞争关系的，他们的思想和水平缺乏监督。于是就造成你说的那些现象了。

你问如何防止被洗脑？方法有很多。孔老师推荐的最有效的方法是：学好数理化，啥鬼都不怕。

学好数理化，不是为了当科学家，而是训练出严谨的怀疑精神和科学态度。那样，我们才会明白耶稣到底是什么人；释迦牟尼到底是什么人；咱们自己，到底是什么人。

[■?] 孔和尚是怎样回答问题的？

⊙ 蓝天白云 51001

孔老师好！突然想到一个关于"问题"的问题。您从去年3月11日开始回答微博提问，一年来大约回答五花八门各式各样的问题有好几百个（没仔细统计，不知是否过千）。您怎样看待与评价这种现象？在回答问题中是否有什么收获和体会？

孔庆东

哈，您这种提问的方式，很值得广大记者学习。首先细心发现了问题，其次态度是与人为善，最后还对被提问者具有启发意义。

我去查了一下，自从2017年3月11日至今的380天时间里，我已经在微博问答这个平台上答复了七百多个问题，平均每天两个。另外还有一些关系到个人隐私的问题是通过私信提问的，还有一些问题被删除或者屏蔽了，还有极少数问题由于思想反动、语气恶俗或者造谣辱骂，我就没有回复。这样加起来大约可以号称"孔和尚八百问"吧。据说东博书院文部省，正准备挑选三百问编印出来，卖点小钱用于吃吃喝喝呢。

这么多人愿意花钱向孔和尚提问，首先说明这个时代问题多多，多到了不花钱就没有人给你认真答复，花了钱也未必得到有效答复的程度。其次说明还有很多乡亲们信任这个不学无术的孔和尚，五花八门的问题纷纷向孔和尚涌来，这分明是要把我打造成伏尔泰、宋应星、文殊菩萨、亚里士多德的节奏也。

问题太多实在答复不过来，曾经一天回答过六七个问题，而且还有个别提问高手可以通过围观费来赚钱，孔和尚既不能拒绝人家提问，又不能回答不认真，于是就根据市场经济原理，多次调价，从一百多二百多调到三百多四百多，现在稳定在388元，每个问题需要有863人围观，提问者才能赚钱，于是提问的诚意和含金量都提高了，基本上每天只有一两个问题，有时候两三天才一个问题。每个问题平均围观量是398人，等于实际提问费约二百元。这样孔和尚既能够忙得过来，也能够回答得更到位、更艺术，进而创造出一种"孔氏答问"的新文体。

随着科技的加速发展，肯定还会有新的交流平台不断涌现，也许过一段，孔和尚就要使用新的平台与大家交流了。感谢所有在这个平台上交流过的朋友！希望我们彼此珍惜这个缘分，让论语精神永放光辉！

五十五岁
花满天

编后记
小沙弥零七
八碎儿话论语

[■→] 编后记

2017 年 3 月 13 日,孔老师发了一条新浪微博:

【牛刀小试】本人 3 月 11 日开通了"微博问答",从 11 日晚上,到 12 日午夜 24 点之前,共回答问题 7 个。截至 13 日早 9 点 15 分,不到 40 个小时,围观者 1175 人,平均每个问题 150 多人围观。

自那以后,孔老师牺牲休息时间,坚持为广大网友答疑解惑至今。提问者来自五湖四海、各行各业,提问内容更是天南海北,包罗万象。不少粉丝被吸引,昼夜跟随围观。精彩的问答内容启迪和滋养了许多迷惘和惆怅的心灵。这些问答时而使人感怀,时而令人惊醒,时而让人激动,时而发人深思,读来每每有当头棒喝、醍醐灌顶、柳暗花明之感。堪称当今时代新《论语》也。

为了让更多读者朋友们能一享这丰盛的精神盛宴,编辑部征得孔老师的同意,组织收集了 2017 年 3 月至 2018 年 4 月间近 300 个微博问答内容,尝试按照修身、齐家、治国、平天下的层次进行归类,最终编印为册，成此《新论语》第壹集①。但因我们力所不逮，书中肯定还有许多编辑工作上的不足和错误。在此欢迎读者朋友们的批评和指正，使我们在第贰集、第叁集……的编辑整理中不断完善。

东博月刊编辑部

[■→] 佛的一语

孔老师的微博问答终于要整理出书了，其中大多数都曾读过，破迷及震撼程度，往往用振聋发聩、醍醐灌顶来形容也不为过——人世间，怎么会有这么博学、深思、明辨，有如"圣人"一般的人物存在呢？这往往是从获益匪浅如饮醇酒之醺醺然清醒过来后的直觉感叹。

课堂里，有好学聪慧，总是举手提出各种问题的同学，这些问题，或疑难，或浅显，或问命理，或询姻缘，更多的是犹如迷途羔羊，睁大着想看清世界而不可得的迷惘又充满求知欲的双眼；当然也有默默听着老师讲解，而不愿发一问的后知后学者。我就属于后者，近乎贪婪地吮吸着老师"挤出的奶"，虽心怀感激，却未曾或不愿向老师倾诉这腔感激，甚至沉溺于"看客"之中而毫无所觉。今天，借这个机会，说一点早想对老师说的话好了。只是，这话不好说啊！严肃一点吧，一不小心就会有歌功颂德、溜须拍马之嫌；幽默调侃呢，掌握不好度的话，后果简直不堪设想——你一个末学后辈，竟然敢对老师乱开玩笑！思来想去，主编大人又催促得紧，只好硬着头皮，"我手写我心"，一一如实道来。若有半句虚言，处罚我程门立雪后半生好了，哪怕天寒地冻，我心悠然。

---

① 本书策划之初定书名为《新论语》，出版时改为《五十五岁花满天》，内容亦略有调整。

孔老师说曹文轩是"永远的麦田少年",而我一直以为,甚至认定,孔老师自己,是"麦田里的守望者"。虽然这段话已被引用得恶俗不堪,但还是想复制于此:"我会站在一道破悬崖的边上。我要做的就是抓住每个跑向悬崖的孩子——我是说要是他们跑起来不看方向,我就得从哪儿过来抓住他们。我整天就干那种事,就当个麦田里的守望者得了。"(虽然想装装"洋气",把英语一并复制粘贴,但是换来的后果,估计是"铁戒尺伺候",屁股开花干活,只得算了,尽管我是那么想假冒懂得英语——当世你还敢自承看不懂英文,无法读原版《麦田里的守望者》,那么,你就做不来总理或副总理,甚至都不是一个懂经济的"知识分子"!)这段话,通过近四十年"洋泾浜"的鼓吹,熟悉得有厌烦之感了吧?不过,就是这段话,难道不是孔老师某一方面品质的最佳注脚么?虽然他的品质远非此一端。而我们自己,就是那些"麦田里乱窜的孩子",若没有一双温暖有力的双手,跌下悬崖,头破血流,粉身碎骨,也不过是早晚之间。

指点迷津,何止千万!而我想举的例子,不过是最难以忘怀的,哪怕时间流逝千年。他纠正我"把"字使用的语法错误;我要在江湖中闯荡了,他叮嘱"扬帆要收帆";我尖刻得近乎众叛亲离,他却鼓励我"独当一面,责任亦重"。

当我望着一条汹涌澎湃的大河,无所适从,他在旁边幽幽一叹:"逝者如斯夫!"再用手一指:那边,不是"渡海之舟筏"么!"天不生仲尼,万古如长夜",曾以为,"拍马"无有过于此者,而当我身在这万古长夜,那道划破天际常耀不熄的电光闪起的一瞬间,方知古人诚不我欺,胸口霎时被热血填满。

于是,从《黄帝内经》到老庄,魏晋风流到策论,再到王阳明、鲁迅、毛泽东、孔庆东;从《圣经》到《古兰经》、佛经,苏格拉底、柏拉图、康德、维特肯斯坦。只听见他们用那喋喋不休的论辩,唤醒着千百年来沉睡的耳朵，万古，也因此有了"光"！

"我思故我在"？当然不在！"思无邪"，方在；慎思明辨，亦在。我们所需要的，只是那"一语点醒梦中人"的"一语"——谁说不能"听君一席话，胜读十年书"呢？！

我在这险恶江湖里，逃避、惶惑、不安、畏缩着，组织不起战斗队伍，以至于从精神世界，也打算自我放逐于屈子徘徊过的汨罗江畔，嚼艾草、食佩兰，"肝胆皆冰雪"。

我是做一个人，还是一个畜生；是保存心中那点良知，还是沉沦欲海万劫不复；是用文化的火种温暖黑暗，还是独立寒风默默冻亡？

每当这时候，总会有一双温暖的手，轻轻抓着我，把我带离悬崖，从他的眼神里，我读到坚毅与坚守，和不屈不挠的抗争。

革命！英雄主义！我因此获得踽踽前行的勇气，继续努力学习、进取着，胸怀天下苍生！

我思，故我不在。"我将无我，不负人民"！

——谨以此，祝贺新时代《新论语》出版！

江帆

[■◆■] 做一个勤奋认真为人民服务的人

期盼已久的孔老师微博问答出版了，书名为《新论语》，这个书名取得好！确实，孔老师就如当年孔子对他的弟子谆谆教诲那样，仔细耐心地答复网友提的各种问题。作为一名提问者，我有幸得到老师的亲自教导与指点，心中万分感激。孔老师回答问题的时间大都是在午夜时分。我想老师定是在辛勤工作一天之后，不顾劳累在灯下给我们作答；他一定是认真思索，字斟句酌，发挥他全部的智慧与才华——

因而使每一条回复都精彩万分，令人拍案叫绝。在此之前，我完全没有想到，我会向孔老师提问，要知道我从小就害怕老师，上课从不举手发言。我想是孔老师的鼓励给了我勇气，是孔老师教会我怎样提问，怎样思考，怎样生活。我要学习孔老师，以他为榜样，继续做一个认真老实的提问者。

蓝天白云

[■→] 萧峰的"太祖长拳"

乔峰眼见旁人退开，蓦地心念一动，呼的一拳打出，一招"冲阵斩将"，也正是"太祖长拳"的招数。这一招姿势既潇洒大方已极，劲力更是刚有柔，柔有刚，武林高手毕生所盼望达到的拳术完美之境，竟在这一招显露无遗。

——《天龙八部》第十九章《虽万千人吾往矣》

按金庸先生描述，"太祖长拳"是赵匡胤的看家本领，北宋年间广为流行，武人都会耍上几招几式。但是，萧峰就用这平平无奇的太祖长拳，在高手环伺的英雄大会上打败了少林玄难玄寂两大高手。记得小时候看这一段时大为神往，恨不得跳进字里行间，一睹大英雄举重若轻的瞬间。然后却是一次又一次失望——没有哪部影视剧能呈现这样的画面，哪怕稍具意思。

后来，有幸接触到孔老师的各种文字，特别是一篇篇微博问答，闭上眼睛，慢慢品味……萧峰的"太祖长拳"，我终于看到了。

是的，还有黄蓉的白菜豆腐，也是这个味道。

黄蓉噗哧一笑，说道："七公，我最拿手的菜你还没吃到呢。"洪七公又惊又喜，忙问："甚么菜？甚么菜？"黄蓉道："一时也说不尽，比如说炒白菜哪，蒸豆腐哪，炖鸡蛋哪，白切肉哪。"洪七公品味之精，世间稀有，深知真正的烹调高手，愈是在最平常的菜肴之中，愈能显出奇妙功夫，这道理与武学一般，能在平淡之中现神奇，才说得上是大宗匠的手段，听她这么一说，不禁又惊又喜，满脸是讨好祈求的神色……

小勺

[■■•>] 收割的喜悦

　　盼望着，盼望着，《新论语》终于出版了。

　　按说，作为这些问答的收集整理者，有的文字已经看过很多遍，可是我要说每一次读的感觉都不一样，真是常读常新。

　　当编辑部决定将孔老师的新浪微博问答出版成册，把收集这一重任交给俺时，俺简直觉得手中的鼠标就是镰刀，于是带着收割的狂喜，奔向孔老师的庄稼地，完全忘了这庄稼压根儿不是自己种的。开始，我腰里别着镰刀起早贪黑蹲在老师的地头等着收。这块地的产量起初不多，我应对得轻松至极；但随着时间的推移，不知道孔老师给这块地施了什么肥，庄稼像雨后春笋一茬接一茬，简直割不完。俺心想孔老师真不愧是家在东北松花江，那里有满山遍野大豆高粱！俺这镰刀耍得上下翻飞的河南农民，也只能对着孔老师的庄稼地望洋兴叹。我深刻体会到农民单干没有出路，只有农业集体化、机械化才是中国农业的方向。请编辑部至少添置一台收割机，最好是国产自主知识产权的。

　　庄稼地长势喜人，可啥宝贝都是不怕贼偷就怕贼惦记，有些刚冒出的庄稼还没等下手，就凭空"消失了"，俺问新浪能不能给个理由？回答是"莫须有"。

孔老师辛苦种的庄稼咱不能眼瞅着被人又偷又糟蹋，于是冒昧私信提问网友可否有偿围观，有枣没枣打一竿子，以期孔老师的问答能够颗粒归仓。多数网友慷慨分享，无偿为俺找回了不少被"偷走"的粮食。这里一并表示感谢！

微博问答的提问时间什么时候都有，然而回答的时间多数是深夜，那是孔老师辛苦工作一天之后，点亮八角楼的灯光，杨家岭窑洞的烛光，迎接黎明的曙光。

手捧《新论语》无疑是幸福的，幸福来自哪里？它不在月光下，也不在睡梦里，它在辛勤的耕耘中，它在智慧的宝库里。幸福——就在孔老师闪光的智慧里。

李娟

➡ 启明

《新论语》三百问几乎涵盖了人生所有的重要问题，它是人生锦囊加智慧秘籍，它是夜航中指点迷航的灯塔，照亮每个寻路的人的心灵，那些看似平常的话语，有如清风，荡涤胸中万千烟尘与阴霾。编校这些问答时，时而流泪时而乐出声，时而读得血脉贲张、热血沸腾，那些直指人心的文字，似真气冲撞，有打通奇经八脉的神奇力量，读得自己竟至微微汗出，畅快淋漓。校读不觉已是天之将晓，启明闪耀。

回声

五十五岁花满天